《宁夏地区输电线路环水保设计要点及典型方案》

编 委 会

主　　编　潘　勇

副 主 编　张　强　齐　屹　甄建辉　苏纪臣　彭　鹏　袁和刚　唐茂林

委　　员　张　维　柴少磊　田　源　任大江　巩鑫龙　王　龙　常　亮
马文长　李钧超　张　辰　陈　丹

编审人员

审查人员　柴少磊　田　源　常　亮　马文长　任大江　李钧超　张　辰
陈　丹　屈高强　张铃珠　闫志杰　任凤琴　孟旭红　杨　凯
尤　菲　丁丽霞　岳一骁　李佳怡　黄　瑞　张生艳　苏青青
豆利龙　陈　娜　刘建宁

起草人员　张　维　殷鹏飞　巩鑫龙　王　龙　张小宁　刘清兵　牛利宁
李　敬　肖成刚　熊国栋　张　健　冯迎春　赵　明　汪楚清
兰月治　叶　坤

宁夏地区输电线路环水保
设计要点及典型方案

NINGXIA DIQU SHUDIAN XIANLU HUANSHUIBAO
SHEJI YAODIAN JI DIANXING FANG'AN

国网宁夏电力有限公司经济技术研究院
宁夏回族自治区电力设计院有限公司 编

黄河出版传媒集团
阳光出版社

图书在版编目（CIP）数据

宁夏地区输电线路环水保设计要点及典型方案 / 国网宁夏电力有限公司经济技术研究院，宁夏回族自治区电力设计院有限公司编. -- 银川：阳光出版社，2024.10. --ISBN 978-7-5525-7540-8

Ⅰ. TM726

中国国家版本馆CIP数据核字第20241DD322号

宁夏地区输电线路环水保设计要点及典型方案

国网宁夏电力有限公司经济技术研究院　宁夏回族自治区电力设计院有限公司　编

责任编辑　胡　鹏
封面设计　石　磊
责任印制　岳建宁

黄河出版传媒集团 阳光出版社 出版发行

出 版 人　薛文斌
地　　址　宁夏银川市北京东路139号出版大厦（750001）
网　　址　http：//ssp.yrpubm.com
网上书店　http：//shop129132959.taobao.com
电子信箱　yangguangchubanshe@163.com
邮购电话　0951-5047283
经　　销　全国新华书店
印刷装订　宁夏银报智能印刷科技有限公司
印刷委托书号　（宁）0031160

开　　本　787 mm × 1092 mm　1/16
印　　张　10.5
字　　数　150千字
版　　次　2024年10月第1版
印　　次　2024年10月第1次印刷
书　　号　ISBN 978-7-5525-7540-8
定　　价　68.00元

目 录

第1章 概述

1.1 背景

2020年6月，习近平总书记在宁夏考察时强调，宁夏要有大局观念和责任担当，更加珍惜黄河，精心呵护黄河，坚持综合治理、系统治理、源头治理，明确黄河保护红线底线，统筹推进堤防建设、河道整治、滩区治理、生态修复等重大工程，守好改善生态环境生命线。宁夏积极扛起黄河宁夏段生态保护和高质量发展的政治责任，努力建设黄河流域生态保护和高质量发展先行区。

为深入贯彻落实习近平总书记关于推动黄河流域生态保护和高质量发展的重要讲话精神，按照国家“十四五”规划纲要和《黄河流域生态保护和高质量发展规划纲要》有关部署，国家发展改革委发布了《支持宁夏建设黄河流域生态保护和高质量发展先行区实施方案》。方案提出了“生态优先、保护为主”的基本原则，坚持顺应自然、尊重规律，采取最严格的生态环境保护措施，构建最严密的生态保护制度体系，山水林田湖草沙一体化保护和系统治理，促进生态系统自我修复。从持续提升水源涵养能力、提高水土流失综合治理能力、深入推进防沙治沙示范、创新生态保护修复体制机制等方面构建黄河上游重要生态安全屏障。

我国的沙漠集中分布在西北干旱地区，据2009—2011年完成的第四次全国沙漠普查结果，截至2009年年底，我国荒漠化土地面积为263.62×10^4 km^2，沙化土地面积为173.11×10^4 km^2，分别占国土总面积的27.43%和18.03%。戈壁也分布在干旱、半干旱地区，绵亘在中亚浩瀚的戈壁大地，跨越中国广袤的空间，一般分布在年降水量200 mm以下，往往与沙漠相伴分布。我国戈壁面积广阔，集中分布于北方温带暖温带区域，生态环境十分脆弱，主要分布在新疆、内蒙古、甘肃和宁夏等地，戈壁总面积为56.95×10^4 km^2，占全国面积的13.36%。

宁夏电网位于西北电网的东北部，是“西电东送”北通道的重要组成部分，是典型的“小省区、强电网、大送端”。截至2022年底，宁夏电网220千伏及以上电压等级交流线路共计316条，宁夏范围内总长度8 778.206 km，220千伏及以上铁塔约25 000基。

国家发展改革委、国家能源局印发的《以沙漠、戈壁、荒漠地区为重点的大型风电光伏基地规划布局方案》的通知，以库布齐、乌兰布和、腾格里、巴丹吉林沙漠为重点，以其他沙漠和戈壁地区为补充，综合考虑采煤沉陷区，规划建设大型风电光伏基地。到2030年，腾格里沙漠基地规划建设新能源7 700万千瓦，新建若干跨省跨区特高压输变电线路支撑电力外送。

宁夏回族自治区于2023年10月推出了《关于推进水土保持工作的实施方案》，科学推进水土流失综合治理，全面提升水土保持功能和生态产品供给能力。目前，宁夏水土保持率达到76.88%。《关于推进水土保持工作的实施方案》明确，到2025年、2027年和2035年，全区水土保持率要分别达到78.02%、78.37%、80.87%。《关于推进水土保持工作的实施方案》指出，推进水土保持工作要抓好源头防控、加强重点区域生态保护修复、注重提升生态系统水土保持功能。要强化生产建设单位水土保持责任落实，创新水土保持与产业融合发展，推进小流域治理提质增效，实现整沟、整村、整乡、整县一体化推进和系统治理。

1.2　目的和意义

在宁夏建设黄河流域生态保护和高质量发展先行区的背景下，国家支持在黄河上游沙漠、戈壁、荒漠地区推进大型风电光伏基地建设，对沙戈荒地区电网建设提出了更高的要求。

随着黄河上游沙漠、戈壁、荒漠地区大型风电光伏基地的建设，一大批电网工程得到了规划与建设，大量输电线路不可避免的要经过沙漠、戈壁、荒漠等地形地质条件复杂地区。随着国家相关标准以及公众环保意识的增强，输电线路工程的水土保持和环境保护也越来越受重视，“建设环境友好型、资源节约型的送电线路”也成为输电线路工程建设的重要目标。加强生态环境保护，防止生态破坏和环境污染是每一个参加工程建设的人员义不容辞的责任。根据输电线路工程线路线性分布、点多而分散，往往经过不同的气象区、地形区或是地质区等特点，特别是在沙漠、戈壁、荒漠地区，需要因地制宜进行输电线路设计优化。

第2章　电力工程环境保护政策与法规

2.1　环境保护法律

2.1.1　宪法

在该体系以《中华人民共和国宪法》中对环境保护的规定为基础。在2004年通过的《中华人民共和国宪法修正案》修改第九条第二款规定：国家保障自然资源的合理利用，保护珍贵的动物和植物。禁止任何组织或者个人用任何手段侵占或者破坏自然资源。第二十六条第一款规定：国家保护和改善生活环境和生态环境，防治污染和其他公害。

《中华人民共和国宪法》中的这些规定是环境保护立法的依据和指导原则。

2.1.2　环境保护法律

环境保护法律包括环境保护综合法、环境保护单行法和环境保护相关法。

环境保护综合法是指《中华人民共和国环境保护法》，1989年12月26日第七届全国人民代表大会常务委员会第十一次会议通过并实施，2014年4月24日第十二届全国人民代表大会常务委员会第八次会议修订，修订后的《中华人民共和国环境保护法》共有七章七十条。第一章总则，规定了环境保护的任务、对象、适用领域、基本原则以及环境监督管理体制；第二章监督管理，规定了环境标准制定的权限、程序和实施要求、环境监测的管理和状况公报的发布、环境保护规划的拟定及建设项目环境影响评价制度、现场检查制度及跨地区环境问题的解决原则；第三章保护和改善环境，对环境保护责任制、资源保护区、自然资源开发利用、农业环境保护、海洋环境保护作了规定；第四章防治污染和其他公害，规定了排污单位防治污染的基本要求、“三同时”制度、排污申报制度、排污收费制度、限期治理制度以及禁止污染转嫁和环境应急的规定；第五章信息公开和公众参与，规定了环境信息公开的内容以及公众参与和监督的方式；第六章法律责任，规定了违反本法有关规定的法律责任；第七章附则，规定了本法自2015年1月1日起施行。

环境保护单行法包括污染防治法（《中华人民共和国水污染防治法》《中华人民共和国大气污染防治法》《中华人民共和国固体废物污染环境防治法》《中华人民共和国环境噪声污染防治法》《中华人民共和国放射性污染防治法》等），生态保护法（《中华人民共和国水土保持法》《中华人民共和国野生动物保护法》《中华人民共和国防沙治沙法》等），《中华人民共和国海洋环境保护法》和《中华人民共和国环境影响评价法》。环境保护相关法是指一些自然资源保护和其他有关部门法律，如《中华人民共和国森林法》《中华人民共和国草原法》《中华人民共和国渔业法》《中华人民共和国矿产资源法》《中华人民共和国水法》《中华人民共和国清洁生产促进法》等都涉及环境保护的有关要求，也是环境保护法律法规体系的一部分。

2.1.3　环境保护行政法规

环境保护行政法规是由国务院制定并公布或经国务院批准有关主管部门公布的环境保护规范性文件。一是根据法律受权制定的环境保护法的实施细则或条例，如《中华人民共和国水污染防治法实施细则》；二是针对环境保护的某个领域而制定的条例、规定和办法，如《建设项目环境保护管理条例》等。

2.1.4 政府部门规章

政府部门规章是指国务院环境保护行政主管部门单独发布或与国务院有关部门联合发布的环境保护规范性文件，以及政府其他有关行政主管部门依法制定的环境保护规范性文件。政府部门规章是以环境保护法律和行政法规为依据而制定的，或者是针对某些尚未有相应法律和行政法规调整的领域作出相应规定，如《环境影响评价公众参与暂行办法》等。

2.2 电力工程环境保护政策规章

电力工程项目必须遵守国家法律、法规，符合国家产业政策和环保政策，满足行业发展规划及区域、流域、海域发展规划、环境功能区划、土地利用规划和海洋功能区划等要求。为了保护环境，近年来我国出台了一系列与电力工程相关的环保政策以及规章制度，如《关于严格控制重点区域燃煤发电项目规划建设有关要求的通知》（发改能源〔2014〕411号文）、《关于印发〈能源发展“十三五”规划〉的通知》（发改能源〔2016〕2744号文）、《关于落实大气污染防治行动计划严格环境影响评价准入的通知》（环办〔2014〕30号文）、《关于落实水污染防治行动计划实施区域差别化环境准入的指导意见》（环环评〔2016〕190号文）、《关于印发〈煤电节能减排升级与改造行动计划（2014—2020）〉的通知》（发改能源〔2014〕2093号文）、《关于印发〈全面实施燃煤电厂超低排放和节能改造工作方案〉的通知》（环发〔2015〕164号文）、《关于印发〈能源行业加强大气污染防治工作方案〉的通知》（发改能源〔2014〕506号文）、《关于发布〈火电厂污染防治技术政策〉的公告》（环境保护部公告2017年第1号）、《关于发布国家环境保护标准〈火电厂污染防治可行技术指南〉的公告》（环境保护部公告2017年第21号）等。

2.3　电力工程环境保护标准

电力工程所涉及的环境主要包括大气环境、水环境、声环境、电磁环境等。

2.3.1　环境空气质量标准

GB3095—2012《环境空气质量标准》及修改单规定了环境空气功能区分类、标准分级、污染物项目、平均时间及浓度限值等内容。环境空气功能区分为二类：一类区为自然保护区、风景名胜区和其他需要特殊保护的区域；二类区为居住区、商业交通居民混合区、文化区、工业区和农村地区。根据电力工程所处的环境空气功能区类别，环境空气质量标准按GB3095-2012《环境空气质量标准》及修改单执行，一类区适用一级浓度限值，二类区适用二级浓度限值。

2.3.2　地表水质量标准

GB3838—2002《地表水环境质量标准》按照地表水环境功能分类和保护目标，规定了水环境质量应控制的项目及限值。

I 类主要适用于源头水、国家自然保护区；

II 类主要适用于集中式生活饮用水地表水源地一级保护区、珍稀水生生物栖息地、鱼虾类产卵场、仔稚幼鱼的索饵场等；

III 类主要适用于集中式生活饮用水源地二级保护区、鱼虾类越冬场、洄游通道、水产养殖区等渔业水域及游泳区；

IV 类主要适用于一般工业用水区及人体非直接接触的娱乐用水区；

V 类主要适用于农业用水区及一般景观要求水域。

对应地表水五类水域功能，将地表水环境质量标准基本项目标准值分为五类，不同功能类别分别执行相应类别的标准值。水域功能类别高的标准值严于水域功能类别低的标准值。

2.3.3 地下水质量标准

GB/T14848—2017《地下水质量标准》规定了地下水质量分类 / 指标级限制。依据我国地下水质量现状和人体健康风险，参照生活饮用水、工业、农业等用水质量要求，依据各组分含量高低（PH 除外），将地下水质量划分为五类。

I 类地下水化学组分含量低，适用于各种用途；

II 类地下水化学组分含量较低，适用于各种用途；

III 类地下水化学组分含量中等，以 GB5749—2006为依据，主要适用于集中式生活饮用水水源及工农业用水；

IV 类地下水化学组分含量较高，以农业和工业用水质量要求以及一定水平的人体健康风险为依据，适用于农业和部分工业用水，适当处理后可作生活饮用水；

V 类地下水化学组分含量高，不宜作为生活饮用水水源，其他用水可根据使用目的选用。

2.3.4 声环境质量标准

GB3096—2008《声环境质量标准》规定了五类声环境功能区的环境噪声限值。按区域的使用功能特点和环境质量要求，声环境功能区分为以下五种类型：

0类声环境功能区：指康复疗养区等特别需要安静的区域。

1类声环境功能区：指以居民住宅、医疗卫生、文化教育、科研设计、行政办公为主要功能，需要保持安静的区域。

2类声环境功能区：指以商业金融、集市贸易为主要功能，或者居住、商业、工业混杂，需要维护住宅安静的区域。

3类声环境功能区：指以工业生产、仓储物流为主要功能，需要防止工业噪声对周围环境产生严重影响的区域。

4类声环境功能区：指交通干线两侧一定距离之内，需要防止交通噪声对周围环境产生严重影响的区域，包括4a类和4b类两种类型。4a类为高速公路、一级公路、二级公路、城市快速路、城市主干路、城市次干路、城市轨道交通（地面段）、内河航道两侧区域；4b类为铁路干线两侧区域。

2.3.5　电磁环境控制限制

工频电场、工频磁场按照GB8702—2014《电磁环境控制限值》执行。交流输变电工程运行频率为50 Hz，工频电场强度公众暴露控制限值为4 kV/m，工频磁感应强度公众暴露控制限值为100 μT。架空输电线路下的耕地、园地、牧草地、畜禽饲养地、养殖水面、道路等场所，工频电场强度控制限值为10 kV/m。

根据GB8702—2014《电磁环境控制限值》，从电磁环境保护管理角度，100 kV以下电压等级的交流输变电设施属于豁免范围，可免于管理。

第3章　电力工程水土保持政策与法规

3.1　水土保持政策与法规体系

在电力工程建设过程中，要坚持依法依规建设施工，减少水土流失，保护我们赖以生存的生态环境。早在1998年10月，水利部、国家电力公司为全面贯彻实施《中华人民共和国水土保持法》《中华人民共和国电力法》，做好电力建设项目的水土保持工作，建立良好生态环境，就率先联合发布了《电力建设项目水土保持工作暂行规定》，推进了电力工程建设项目的水土保持工作。在电力工程建设水土保持方面，目前已形成了较完善的政策法规体系，即法律、国务院行政法规（法规性文件）、政府部门规章、地方性法规和地方政府规章、标准（规范）等。

《中华人民共和国宪法》是水土保持法律法规体系建立的依据和基础，法律层次不管是生态环境保护的综合法、单行法还是相关法，其中对生态环境保护的要求和法律效力是一样的。如果法律规定中有不一致的地方，应遵循后法优于先法。部门行政规章、地方环境法规和地方政府规章均不得违背法律和行政法规的规定。地方法规和地方政府规章只在其制定法规、规章的辖区内有效。

3.2　水土保持的法律

3.2.1　宪法

《中华人民共和国宪法》是我国的根本大法，其规定拥有最高法律效力。《中华人民共和国宪法》第九条第二款规定："国家保障自然资源的合理利用，保护珍贵的动物和植物。禁止任何组织或者个人用任何手段侵占或者破坏自然资源。"

3.2.2　水土保持法律及相关法规

（1）《中华人民共和国水土保持法》

《中华人民共和国水土保持法》于1991年颁布实施，标志着我国水土保持工作从此进入了新的历史时期，是电力工程开展水土保持工作的法律依据。

2010年12月25日，第十一届全国人民代表大会常务委员会第十八次会议审议通过了修订后的《中华人民共和国水土保持法》，共分七章六十条。明确了水土保持立法的目的、水土保持的工作方针、各级水土保持工作的行政管理部门和各级人民政府的监督管理责任。该法第八条规定："任何单位和个人都有保护水土资源、预防和治理水土流失的义务，并有权对破坏水土资源、造成水土流失的行为进行举报"。强调了生产建设项目编制水土保持方案的管理制度。

（2）《中华人民共和国环境保护法》

该法是中国第一部对环境保护方面的立法，对于改善和保护环境起着积极的作用。该法1989年首次颁布，2014年进行修订。《中华人民共和国环境保护法》是环保领域的综合法，全文分七章共七十条。以下为相关摘录：

第一条为保护和改善环境，防治污染和其他公害，保障公众健康，推进生态文明建设，促进经济社会可持续发展，制定本法。

第五条环境保护坚持保护优先、预防为主、综合治理、公众参与、损害担责的原则。

第六条一切单位和个人都有保护环境的义务。地方各级人民政府应当对本行政区域的环境质量负责。企业事业单位和其他生产经营者应当防止、减少环境污染和生态破坏，对所造成的损害依法承担责任。

第三十三条各级人民政府应当加强对农业环境的保护，促进农业环境保护新技术的使用，加强对农业污染源的监测预警，统筹有关部门采取措施，防治土壤污染和土地沙化、盐渍化、贫瘠化、石漠化、地面沉降以及防治植被破坏、水土流失、水体富营养化、水源枯竭、种源灭绝等生态失调现象，推广植物病虫害的综合防治。

（3）《中华人民共和国电力法》

第五条电力建设、生产、供应和使用应当依法保护环境，采用新技术，减少有害物质排放，防治污染和其他公害。

第十条电力发展规划应当根据国民经济和社会发展的需要制定，并纳入国民经济和社会发展计划。电力发展规划，应当体现合理利用能源、电源与电网配套发展、提高经济效益和有利于环境保护的原则。

（4）《中华人民共和国水法》

第九条国家保护水资源，采取有效措施，保护植被，植树种草，涵养水源，防治水土流失和水体污染，改善生态环境。

第二十五条地方各级人民政府应当加强对灌溉、排涝、水土保持工作的领导，促进农业生产发展。

（5）《中华人民共和国土地管理法》

第三十六条各级人民政府应当采取措施，引导因地制宜轮作休耕，改良土壤，提高地力，维护排灌工程设施，防止土地荒漠化、盐渍化、水土流失和土壤污染。

第三十九条国家鼓励单位和个人按照土地利用总体规划，在保护和改善生态环境、防止水土流失和土地荒漠化的前提下，开发未利用的土地。

（6）《中华人民共和国农业法》

第五十九条各级人民政府应当采取措施，加强小流域综合治理，预防和治理水土流失。从事可能引起水土流失的生产建设活动的单位和个人，必须采取预防措施，并负责治理因生产建设活动造成的水土流失。

（7）《中华人民共和国草原法》

第三十一条对退化、沙化、盐碱化、石漠化和水土流失的草原，地方各级人民政府应当按照草原保护、建设、利用规划，划定治理区，组织专项治理。

第四十六条禁止开垦草原。对水土流失严重、有沙化趋势、需要改善生态环境的已垦草原，应当有计划、有步骤地退耕还草；已造成沙化、盐碱化、石漠化的，应当限期治理。

第四十九条禁止在荒漠、半荒漠和严重退化、沙化、盐碱化、石漠化、水土流失的草原以及生态脆弱区的草原上采挖植物和从事破坏草原植被的其他活动。

草原法规定了在草原地区的水土保持工作，防止水土流失造成草原沙化。

（8）《中华人民共和国防洪法》

第十八条第二款防治江河洪水，应当保护、扩大流域林草植被，涵养水源，加强流域水土保持综合治理。

（9）《中华人民共和国公路法》

第三十条公路建设项目的设计和施工，应当符合依法保护环境、保护文物古迹和防止水土流失的要求。

第四十一条公路用地范围内的山坡、荒地，由公路管理机构负责水土保持。

第六十六条第二款前款规定的公路的绿化和公路用地范围内的水土保持工作，由各该公路经营企业负责。

（10）《中华人民共和国防沙治沙法》

第五条第二款国务院林业草原、农业、水利、土地、生态环境等行政主管部门和气象主管机构，按照有关法律规定的职责和国务院确定的职责分工，各负其责，密切配合，共同做好防沙治沙工作。

第四十六条本法第五条第二款中所称的有关法律，是指《中华人民共和国森林法》《中华人民共和国草原法》《中华人民共和国水土保持法》《中华人民共和国土地管理法》《中华人民共和国环境保护法》和《中华人民共和国气象法》。

（11）《中华人民共和国固体废物污染环境防治法》

第五条产生、收集、贮存、运输、利用，处理固体废物的单位和个人，应当采取措施，防止或者减少固体废物对环境的污染。

第二十条产生、收集、贮存、运输、利用、处置固体废物的单位和其他生产经营者，应当采取防扬散、防流失、防渗漏或者其他防止污染环境的措施，不得擅自倾倒、堆放、丢弃、遗撒固体废物。

禁止任何单位或者个人向江河、湖泊、运河、渠道、水库及其最高水位线以下的滩地和岸坡以及法律法规规定的其他地点倾倒、堆放，贮存固体废物。

（12）《中华人民共和国森林法》

第一条为了践行绿水青山就是金山银山理念，保护、培育和合理利用森林资源，加快国土绿化，保障森林生态安全，建设生态文明，实现人与自然和谐共生，特制定本法。

第三十一条国家在不同自然地带的典型森林生态地区、珍贵动物和植物生长繁殖的林区、天然热带雨林区和具有特殊保护价值的其他天然林区，建立以国家公园为主体的自然保护地体系，加强保护管理。

3.3 水土保持的行政法规

水土保持及相关行政法规是由国务院制定并公布或经国务院批准有关主管部门公布的水土保持工作法规性文件。一是根据法律受权制定的环境保护法的实施细则或条例，如《中华人民共和国水土保持法实施条例》；二是针对生态环境保护的某个领域而制定的条例、规定和办法，如《自然保护区管理条例》等。

电力工程规划、设计中涉及的国家水土保持及相关的行政法规主要有：

（1）《中华人民共和国水土保持法实施条例》。

（2）《建设项目环境保护管理条例》。

（3）《自然保护区管理条例》。

（4）《中华人民共和国河道管理条例》。

（5）《开发建设晋陕蒙接壤地区水土保持规定》。

（6）《国务院关于加强水土保持工作的通知》。

（7）《国务院关于印发“十三五”生态环境保护规划的通知》。

（8）《全国防沙治沙规划（2011—2020年）》。

（9）《全国生态环境保护纲要》。

3.4 水土保持的政府部门规章

部门规章是指国务院各组成部门以及具有行政管理职能的直属机构根据法律和国务院的行政法规、决定、命令，在本部门权限内按照规定程序制定的规范性文件。关于水土保持及其相关的部门规章主要由水行政主管部门发布，涉及其他方面的也有由如发改委、国家林业局等发布。

电力工程设计涉及的水土保持部门规章主要有：

（1）《开发建设项目水土保持方案编报审批管理规定》（水利部令〔1995〕第5号，1995年5月30日发布，2005年7月8日水利部2005年第24号令修订）。

（2）《水土保持生态环境监测网络管理办法》2000年1月31日水利部令第12号发布，自发布之日起施行，2014年8月19日水利部令第46号修改。

（3）《水利工程建设监理规定》2006年12月18日水利部令〔2006〕第28号，2007年2月1日施行。

（4）《产业结构调整指导目录（2011年本）》2013年版，2013年5月1日国家发改委令第21号修改。

（5）《国务院办公厅转发国务院体改办关于水利工程管理体制改革实施意见的通知》国办发〔2002〕45号，2002年9月17日。

（6）《国家发展改革委财政部关于降低电信网码号资源占用费等部分行政事业性收费标准的通知》发改价格〔2017〕1186号。

（7）《国家林业局关于印发甘南黄河等5个重点生态功能区生态保护与建设规划的函》林函规字〔2014〕41号。

3.5 水土保持的地方法规

随着《中华人民共和国水土保持法》和《中华人民共和国水土保持法实施条例》的发布实施，宁夏相继发布了各地的实施办法或有关条例如：

（1）《宁夏回族自治区实施〈中华人民共和国水土保持法〉办法》（宁夏回族自治区第十一届人大修订，2015年9月1日）。

（2）自治区水利厅关于印发《宁夏回族自治区生产建设项目水土保持监督管理办法（试行）》《宁夏回族自治区水土保持监测管理办法（试行）》的通知，宁水规发〔2019〕3号。

（3）《宁夏回族自治区水土保持规划（2016—2030年）》。

3.6　水土保持设计标准

3.6.1　主要标准

（1）GB 50433—2008《开发建设项目水土保持技术规范》。由建设部和国家质量监督检验检疫总局于2008年1月14日联合发布的国家标准（中华人民共和国建设部公告第787号），2008年7月1日起实施（现行有效国标）。是作为工程建设水保设施设计的根本依据。

该规范共分为14章和2个附录。主要内容是总则、术语、基本规定、各设计阶段的任务、水土保持方案、水土保持初步设计专章、拦渣工程、斜坡防护工程、土地整治工程、防洪排导工程、降水蓄渗工程、临时防护工程、植被建设工程、防风固沙工程等。

（2）GB 50434—2008《开发建设项目水土流失防治标准》。根据《关于印发“二OO二至二OO三年度工程建设国家标准制订、修订计划”的通知》（建设部建标〔2003〕102号）的要求，由水利部水土保持监测中心会同水利部水利水电规划设计总院和北京水保生态工程咨询公司共同编制。2008年1月14日发布，2008年7月1日实施。

该标准共6章，主要内容有总则、术语、基本规定、项目类型及时段划分、防治标准等级与适用范围、防治标准。同时明确一些条文为强制性条文，必须严格执行。

（3）SL 640—2013《输变电项目水土保持技术规范》。由中华人民共和国水利部《关于批准发布水利行业标准的公告》（2013年第77号）发布，水利部批准 SL640—2013《输变电项目水土保持技术规范》为水利行业标准（推荐性标准），2013年12月11日发布，2014年3月11日实施。

该规范内容包括：总则、术语、设计阶段与任务、设计阶段、具体要求、水土保持方案、一般规定、项目概况、项目区概况、水土流失调查、主体工程水土保持分析与评价、水土流失防治责任范围及分区、水土流失预测、水土流失防治措施布局及典型设计等。

（4）GB/T 22490—2008《开发建设项目水土保持设施验收技术规程》。由中华人民共和国水利部提出和归口，中华人民共和国国家质量监督检验检疫总局、中国国家标准化管理委员会发布。其中的附录均为资料性附录。2007年10月8日发布，2008年1月8日实施。

该规程对水保设施验收提出了要求，各阶段验收的责任主体均为建设单位。

水土保持验收的目的：检查水土保持设施的设计和施工质量；评价水土流失防治效果，判断是否达到国家标准规定的要求，检查是否存在水土流失隐患；确认临时占地范围内的水土流失防治义务是否终结；认定水土保持投资；发现和解决遗留问题；评价建设单位的社会责任。

随着形势发展，对于水土保持验收工作，国家和地方及时调整政策和要求，各地、各单位在开展水土保持验收工作时，要注意相关政策的执行。

（5）SL 277—2002《水土保持监测技术规程》。中华人民共和国水利部《关于批准发布〈水土保持监测技术规程〉的通知》（水国科〔2002〕383号），2002年9月4日发布，2002年10月1日实施。水利部水土保持司主编。

该规程主要包括：水土保持监测网络的组成、职责和任务，监测站网布设原则和选址要求；宏观区域、中小流域和开发建设项目的监测项目和监测方法；遥感监测、地面观测和调查等不同监测方法的使用范围、内容、技术要求，以及监测数据处理、资料整编和质量保证的方法；不同开发建设项目水土流失监测的监测项目、监测时段确定和监测方法。

（6）SL 342—2006《水土保持监测设施通用技术条件》。中华人民共和国水利部《关于批准发布水利行业标准的公告》（2006年第4号），2006年9月

9日发布，2006年10月1日实施。水利部水土保持司主持并负责解释；主编单位：水利部水土保持监测中心。

该标准适用于水蚀、风蚀、重力侵蚀、混合侵蚀、冻融侵蚀和水土保持措施等监测。对水土保持监测通用设施（含设备）技术条件作了具体规定，主要包括以下内容：水蚀径流小区、小流域控制站和简易坡面观测设施及其技术条件；风蚀降尘、风蚀强度和简易风蚀观测场等监测设施及其技术条件；滑坡与泥石流监测设施及其技术条件；寒冻剥蚀和热融滑塌监测设施及其技术条件；水土保持措施数量和质量监测设施及其技术条件。

（7）《生产建设项目水土保持监测技术规程（试行）》（2015年6月）。该规程是为规范生产建设项目水土保持监测工作、保证监测工作质量、提高生产建设项目水土保持监测水平而编制。该规程适用于生产建设项目水土保持监测工作，主要规定了监测工作的任务、内容、程序及要求等。

其中基本规定：生产建设项目水土保持监测工作应与主体工程同步开展。生产建设项目水土保持监测的主要任务是：①及时、准确掌握生产建设项目水土流失状况和防治效果；②落实水土保持方案，加强水土保持设计和施工管理，优化水土流失防治措施，协调水土保持工程与主体工程建设进度；③及时发现重大水土流失危害隐患，提出防治对策建议；④提供水土保持监督管理技术依据和公众监督基础信息。

3.6.2　其他常用规范和标准

作为水土保持设计需要使用、参考、引用、借鉴的水土保持设计相关规范和标准，因分门别类有很多，在开展水土保持相关工作时，应及时调整它们的使用，并应列出文件名、文件号和年限。

1）水土保持综合治理

水土保持综合治理的国家标准系列共分四项：第一项《水土保持综合治理规划通则》，第二项《水土保持综合治理技术规范》，第三项《水土保持综合治理验收规范》，第四项《水土保持综合治理效益计算方法》。

（1）DGB/T 15772—2008《水土保持综合治理规划通则》。该标准规定了编制水土保持综合治理规划的任务、内容、程序、方法、成果整理等的基本要求。适用于大面积总体规划和小面积实施规划。前者指大、中流域或省、地、县级的规划（面积几千、几万到几十万平方千米），后者指小流域或乡、村级的规划（面积几十到几百平方千米）。

编制规划必须贯彻“预防为主，全面规划，综合防治，因地制宜，加强管理，注重效益”的水土保持方针。本规划通则以治理为主。

（2）GB/T 16453.1~16453.6—2008《水土保持综合治理技术规范》。该技术规范在1996年正式发布，十余年中，在水土保持综合治理方面起到了重要的指导作用。为适应新形势下水土保持工作，进一步规范水土保持治理技术、规范、方法，2008年根据水利部国际合作与科技司、水土保持司的统一安排，进行了修订。

规范共分为六个部分：

GB/T 16453.1—2008水土保持综合治理技术规范坡耕地治理技术；

GB/T 16453.2—2008水土保持综合治理技术规范荒地治理技术；

GB/T 16453.3—2008水土保持综合治理技术规范沟壑治理技术；

GB/T 16453.4—2008水土保持综合治理技术规范小型蓄排引水工程；

GB/T 16453.5—2008水土保持综合治理技术规范风沙治理技术；

GB/T 16453.6—2008水土保持综合治理技术规范崩岗治理技术。

（3）GB/T 15773—2008《水土保持综合治理验收规范》。该规范规定了水土保持综合治理验收的分类，各类验收的条件、组织、内容、程序、成果要求、成果评价以及建立技术档案的要求，适用于由中央投资、地方投资和利用外资的以小流域为单元的水土保持综合治理以及专项工程等水土保持工程的验收。群众和社会出资的水土保持治理的验收可参照执行；大中流域或县以上大面积重点治理区的验收，也可参照本标准。

验收分类：

①单项措施验收。在水土保持综合治理实施过程中，施工承包单位按合同完成了某一单项治理措施时，应由实施主持单位及时组织验收，评定其质量和数量。对工程较大的治理措施（如大型淤地坝、治沟骨干工程等），施工承包单位在完成其中某项分部工程（如土坝、溢洪道、泄水洞等）时，实施主持单位也应及时组织验收。

②阶段验收。每年年终，水土保持综合治理实施主持单位，按年度实施计划完成了治理任务时，应由项目主管单位组织阶段验收，并对年度治理成果作出评价。

③竣工验收。一届治理期（一般五年左右）末，项目主管单位按水土保持综合治理规划全面完成了治理任务时，应由项目提出部门组织全面的竣工验收，并评价治理成果等级。

（4）GB/T 15774—2008《水土保持综合治理效益计算方法》。该标准规定了水土保持综合治理效益计算的原则、内容和方法，适用于水蚀地区和水蚀与风蚀交错地区小流域水土保持综合治理的效益计算，同时在大、中流域和不同范围行政单元（省、地区、县、乡、村）的水土保持综合治理效益计算中也可采用。本标准规定的水土保持综合治理效益计算的分类，包括基础效益（保水、保土）、经济效益、社会效益和生态效益等四类。

2）GB 51018—2014《水土保持工程设计规范》

由水利部水利水电规划设计总院与黄河设计公司联合主编，于2015年8月1日起实施。

该规范主要适用于水土流失综合治理工程中的梯田、淤地坝、拦沙坝、塘坝、滚水坝、沟道滩岸防护、坡面截排水、引洪漫地、引水拦沙造地、支毛沟治理、小型蓄水工程、农业耕作、防风固沙、林草工程、封育工程，以及生产建设项目中的弃渣拦挡、土地整治、截排水、小型蓄水工程、防风固沙、植被恢复与建设工程设计。

规范内容包括水土流失综合治理工程总体布置、工程级别划分和设计标准及各类水土保持工程等，适用于水土流失综合治理工程中的梯田、淤地坝、拦沙坝、塘坝、滚水坝、沟道滩岸防护、坡面截排水、引洪漫地、引水拦沙造地、支毛沟治理、小型蓄水工程、农业耕作、防风固沙、林草工程、封育工程，以及生产建设项目中的弃渣拦挡、土地整治、截排水、小型蓄水工程、防风固沙、植被恢复与建设工程设计，对于指导和规范水土保持工程设计具有重要意义。

3）SL 73.X—2013《水利水电工程制图标准》

中华人民共和国水利部《关于批准发布水利行业标准的公告》（2013年第4号）发布。根据水利水电技术标准制定、修订计划由水利水电规划设计总院主持以武汉水利电力大学为主编单位修订的《水利水电工程制图标准》经审查批准为行业标准并予以发布。主要技术内容有基本规定图样画法、图样注法和总体三维制图。水利部水利水电规划设计总院为此标准主持机构和标准解释单位。

此标准分为五个部分：

（1）SL 73.1—2013《水利水电工程制图标准基础制图》；

（2）SL 73.2—2013《水利水电工程制图标准水工建筑图》；

（3）SL 73.3—2013《水利水电工程制图标准勘测图》；

（4）SL 73.4—2013《水利水电工程制图标准水力机械图》；

（5）SL 73.5—2013《水利水电工程制图标准电气图》。

4）SL 190—2007《土壤侵蚀分类分级标准》

中华人民共和国水利部《关于批准发布水利行业标准的公告》(2008年第1号)发布。2008年4月4日实施。

适用于全国土壤侵蚀的分类与分级，共5章和2个附录。主要内容包括总则、术语、土壤侵蚀类型分区(分为水力、风力、冻融3个一级土壤侵蚀类型区；5个水力侵蚀、2个风力侵蚀、2个冻融二级类型区)、土壤侵蚀强度分级、土壤侵蚀程度分级。

5）SL 419—2007《水土保持试验规程》

中华人民共和国水利部《关于批准发布水利行业标准的公告》(2008年第1号)发布。2008年4月4日实施。

该标准共13章42节241条和2个附录。包括总则；术语；水力侵蚀试验；泥石流、滑坡试验；崩岗试验；开发建设项目水土保持试验；水土保持林草措施及其效果试验；水土保持工程措施及其效果试验；水土保持耕作措施及其效果试验；水土保持技术措施综合配置试验；土壤性质试验；小流域水土保持试验；水土保持数据管理等13个部分，以及附录A观测项目记录单位、附录B记录表格、标准用词说明和条文说明。

6）TD/T 1036—2013《土地复垦质量控制标准》

由全国国土资源标准化技术委员会提出并归口，主要起草单位为国土资源部土地整治中心，由国土资源部负责解释。

该标准规定了以下损毁土地复垦应遵循的技术要求和应达到的质量要求：露天采矿、烧制砖瓦、挖沙取土等地表挖掘所损毁的土地；地下采矿等造成地表塌陷的土地；堆放采矿剥离物、废石、矿渣、粉煤灰、冶炼渣等固体废弃物压占的土地；能源、交通、水利等基础设施建设和其他生产建设活动临时占用所损毁的土地；洪水、地质灾害等自然灾害损毁的土地；法律规定的其他生产建设活动造成损毁的土地。

该标准适用于土地复垦专项规划编制、土地复垦方案编制、土地复垦工程规划设计以及验收等活动。

7）《水土保持工程概（估）算编制规定》《水土保持生态建设工程概（估）算编制规定》和《水土保持工程概算定额》（水利部文件水总〔2003〕67号）

结合近年来开发建设项目水土保持工程和水土保持生态建设工程实际情况，为适应建立社会主义市场经济体制的需要，满足新的财务制度要求，合理预测开发建设项目水土保持工程及水土保持生态建设工程造价，水利部委托有关单位编制了《水土保持工程概算定额》《开发建设项目水土保持工程概（估）算编制规定》及《水土保持生态建设工程概（估）算编制规定》。

8）《电力建设工程预算定额》

《标准电力建设工程预算定额》是2006年10月由中国电力出版社出版，作者是中国电力企业联合会。该书是为构成现行的电力建设工程概预算定额体系服务。

2006年版修订完成的概算定额和预算定额（建筑工程、送电线路工程、加工配制品）与新颁布实施《标准电力建设工程预算定额》“热力设备安装”“电气设备安装”和“调试”定额相匹配，共同构成现行的电力建设工程概预算定额体系。2001年12月31日之前所颁布的电力建设工程概预算定额及其价目本均停止使用。

2013年和2016年对部分内容再次进行了修订。

9）《电网工程建设预算编制与计算规定》

国家能源局2013年出版。

此书为电力行业工程建设预算定额及费用计算系列规定（简称预规）之一，是在2006年版《电网工程建设预算编制与计算标准》的基础上修编而成。此预规合理继承和沿用了原标准的主要内容，根据现行电力建设工程管理模式，以及参与建设各方在工程建设过程中的权利与义务，进行了局部调整和修订。此书对电网建设工程所涉及的专有名词进行了严谨的定义，规范了费用计算方式，保证了标准的实用性和可操作性。

10）SL 448—2009《水土保持工程可行性研究报告编制规程》

标准共13章23节93条和2个附录，对水土保持工程可行性研究报告的编制深度、章节安排及主要技术内容作了规定，主要内容有：总则、术语、综合说明、项目建设背景与设计依据、建设任务与规模、总体布局与措施设计、施工组织设计、水土保持监测、技术支持、项目管理、投资估算和资金筹措、经济评价及结论和建议等13个部分。

适用于大、中型水土保持综合治理工程可行性研究报告的编制，小型水土保持综合治理项目可行性研究报告的编制可参照执行。对水土保持专项工程和利用外资项目，可根据工程任务的特点对本标准的条文进行取舍，亦可根据需要适当调整内容和深度。

11）GB/T 18337.X《生态公益林建设》

该系列国标包括4个部分：

（1）DGB/T 18337.1—2001《生态公益林建设导则》；

（2）GB/T 18337.2—2001《生态公益林建设规划设计通则》；

（3）GB/T 18337.3—2001《生态公益林建设技术规程》；

（4）GB/T 18337.4—2008《生态公益林建设检查验收规定》；

该系列标准由国家林业局植树造林司提出并归口，由国家林业局植树造林司负责解释。国家质量技术监督局颁布。

主要规定了生态公益林建设的指导思想、原则、对象、程序、内容及方式、类型、区划重点，提出了生态公益林建成标准、管理、利用，以及建设质量评价等指导性、原则性要求。该标准的附录A是标准的附录，附录B是提示的附录。该标准负责起草单位：国家林业局植树造林司、国家林业局调查规划设计院。

12）GB/T 15776—2016《造林技术规程》

由国家林业局调查规划设计院编制，国家质量监督检验检疫总局、国家标准化管理委员会2016年第8号公告，于2016年6月14日发布，2017年1月1日起实施。

该标准规定了造林设计、造林分区、造林树种、种子和苗木、造林密度、造林作业、未成林抚育管护、四旁植树、林冠下造林、造林地生境保护、造林成效评价和造林技术档案等方面的技术要求。适用于全国范围适宜造林地段的人工造林、更新以及四旁植树。

13）GB 6000—1999《主要造林树种苗木质量分级标准》

由国家林业局提出，全国林业种子标准化技术委员会归口，国家质量技术监督局颁布。2000年4月1日起实施。

规定了主要造林树种苗木的定义、分级要求、检验方法、检验规则。适用于植树造林用的露地培育的裸根苗木，不适用于容器苗和温室中培育的苗木。苗木规格是指适宜造林用的苗木的年龄、高度、地径和根系发育状况的标准，具体标准可参照各地主要造林树种苗木产量、质量标准。

14）GB/T 21010—2017《土地利用现状分类》

2017年11月1日，由国土资源部组织修订的国家标准 GB/T21010—2017《土地利用现状分类》，经国家质检总局、国家标准化管理委员会批准发布并实施。

秉持满足生态用地保护需求、明确新兴产业用地类型、兼顾监管部门管理需求的思路，完善了地类含义，细化了二级类划分，调整了地类名称，增加了湿地归类，将在第三次全国土地调查中全面应用。新版标准规定了土地利用的类型、含义，将土地利用类型分为耕地、园地、林地、草地、商服用地、工矿仓储用地、住宅用地、公共管理与公共服务用地、特殊用地、交通运输用地、水域及水利设施用地、其他用地等12个一级类、72个二级类，适用于土地调查、规划、审批、供应、整治、执法、评价、统计、登记及信息化管理等。

15）其他

除上述水保方案和设计常用规程规范及标准规定，其他常用的还有 GB

50014《室外排水设计规范》、SL 379《水工挡土墙设计规范》、SL 288《水利工程施工监理规范》、SL 252《水利水电工程等级划分及洪水标准》、SL 328《水利水电工程设计工程量计算规定》、SL 44《水利水电工程设计洪水计算规范》、SL 336《水土保持工程质量评定规程》等。

第 4 章　输电线路工程环水保设计要点

4.1　环境保护

4.1.1　设计依据

4.1.1.1　法律法规

（1）《中华人民共和国环境保护法》（2014年修订，2015年1月1日起施行）；

（2）《中华人民共和国环境影响评价法》（2018年修订，2018年12月29日起施行）；

（3）《中华人民共和国电力法》（2015年修订，2015年4月24日起施行）；

（4）《中华人民共和国水法》（2016年修订，2016年7月2日起施行）；

（5）《中华人民共和国森林法》（1998年修订，2019年12月28日修订）；

（6）《中华人民共和国大气污染防治法》（2015年修订，2016年1月1日起施行，2018年10月26日第二次修正）；

（7）《中华人民共和国水污染防治法》（2017年修订，2018年1月1日起施行）；

（8）《中华人民共和国噪声污染防治法》（2022年6月5日施行）；

（9）《中华人民共和国固体废物污染环境防治法》（2020年修订，2020年9月1日起施行）；

（10）《中华人民共和国草原法》（2013年修订，2013年6月29日起施行）；

（11）《中华人民共和国文物保护法》（2017年4月修订，2017年11月4日起施行）；

（12）《中华人民共和国城乡规划法》（2019年修正，2019年4月23日起施行）；

（13）《中华人民共和国野生动物保护法》（2018年修订，2018年10月26日起施行）；

（14）《中华人民共和国自然保护区条例》（国务院令第167号，2017年10月7日修订）；

（15）《中华人民共和国风景名胜区条例》（国务院令第474号，2006年12月1日起施行，2016年2月6日修订）；

（16）《中华人民共和国野生植物保护条例》（修改版2017年10月7日起施行）；

（17）《国家湿地公园管理办法》（2017年12月27日，国家林业局，林湿发〔2017〕150号）；

（18）《森林公园管理办法》（2016年9月22日国家林业局令第42号修改、施行）；

（19）《电力设施保护条例》（国务院令第239号，2011年修订）；

（20）《基本农田保护条例》（国务院令第257号，2011年修订）；

（21）《建设项目环境保护管理条例》（修改版2017年10月1日起实施）。

4.1.1.2　**技术规范与标准**

（1）《 直流换流站与线路合成电场强度、离子流密度测试方法》（DL/T1089—2008）；

（2）《直流输电工程合成电场限值及其监测方法》（GB 39220—2020）；

（3）《声环境质量标准》（GB3096—2008）；

（4）《地表水环境质量标准》（GB3838—2002）。

4.1.1.3 相关导则、技术规范

（1）《环境影响评价技术导则 总纲》（HJ2.1—2016）；

（2）《环境影响评价技术导则 输变电工程》（HJ24—2014）；

（3）《环境影响评价技术导则 地表水环境》（HJ2.3—2018）；

（4）《环境影响评价技术导则 声环境》（HJ2.4—2009）；

（5）《环境影响评价技术导则 生态影响》（HJ19—2011）；

（6）《建设项目环境风险评价技术导则》（HJ/T169—2018）；

（7）《建设项目竣工环境保护验收技术规范 输变电工程》（HJ705—2014）；

（8）《电磁环境控制限值》（GB 8702—2014）；

（9）《输变电建设项目环境保护技术要求》（HJ1113—2020）。

4.1.1.4 国家电网有限公司有关规定

（1）《国家电网有限公司环境保护管理办法》（国家电网企管〔2019〕429 号）；

（2）《特高压线路工程环境保护与水土保持典型设计（试行）》（特计划〔2022〕28号）。

4.1.2 环境保护总体要求

保护环境是国家的基本国策，特高压直流线路工程执行“保护优先”的基本原则，落实“预防为主、综合治理、环境友好”的设计理念，努力协调好电网建设与环境保护之间的关系。本工程的建设将会不同程度地对工程所在地附近的自然环境和社会环境造成一定的影响，为此在工程设计阶段，开展环境保护专题研究，落实环境保护相关法律法规、环境保护技术政策的相关要求，确保环境保护措施与主体工程同时设计、同时施工、同时投产使用的“三同时”制度刚性执行，确保各项环境保护措施的有效落实，为后期工

程建设、生产运营、地区环境经济可持续发展创造良好的条件，同时为建设单位自验收工作提供依据，为环境保护管理部门的监督、检查提供参考，最终将本工程建成资源节约型、环境友好型的绿色和谐工程。

4.1.3　环境保护设计目标

（1）依法合规

严格遵循国家和地方制定的有关环境保护法律、法规、标准和技术规范要求，路径选择时，对自然保护区、风景名胜区、饮用水水源保护区、森林公园、旅游风景区、名胜古迹等优先采取避让的原则；对于不能避让的敏感区，则尽量避让自然保护区核心区、缓冲区，风景名胜区核心景区、饮用水水源保护区一级保护区，保护和改善生态环境。

（2）电磁环境控制目标

根据《电磁环境控制限值》（GB 8702—2014），架空输电线路线下的耕地、园地、牧草地、畜禽饲养地、养殖水面、道路等场所，其频率50 Hz的电场强度控制限值为10 kV/m。

（3）声环境控制目标

输电线路沿线乡村居民点执行《声环境质量标准》（GB 3096—2008）1类标准，经过居住、商业、工业混杂区时执行2类标准，经过工业区附近时执行3类标准，经过交通干道两侧时执行4类标准。

（4）生态环境保护目标

按生态敏感区相关保护要求及主管部门批复要求执行。

（5）大气环境保护目标

施工开挖面及可能产生扬尘的材料运输应采取措施防止扬尘对环境空气质量的影响。

（6）固体废弃物

施工过程中产生的固体废弃物按环境保护要求管理、收集或处置，不乱扔、乱弃，做到工完、场地清。

（7）生态环境

以不减少区域内濒危珍稀动植物种类和不破坏生态设施完整性为目标，水土流失以不增加土壤侵蚀强度为准。

4.1.4　环境保护措施

根据环境保护相关法律法规、环境保护技术政策的相关要求，主要采取的环境保护措施如下：

4.1.4.1　设计阶段采取的环境保护措施

1）电磁环境和噪声

（1）工程选线时充分征求沿线政府及规划等相关职能部门的意见，优化路径，尽量避让城镇规划区、学校、居民密集区；尽量避免对村庄的分割。严格按照相关规程及规范，500 kV 及以上不跨越长期住人的建筑物，架空输电线路线下的耕地、园地、牧草地、畜禽饲养地、养殖水面、道路等场所，其频率50 Hz 的电场强度控制限值为10 kV/m，且应给出警示和防护指示标志。

（2）选定导线对居民区、地面、公路等的对地距离时要限制地面合成场强，并计算不同相序排列对多回路叠加所产生的合成场强。

（3）合理选择导线直径及导线分裂数以降低线路无线电干扰水平，要求导线、母线、均压环、管母线终端球和其他金具等提高加工工艺，防止尖端放电和起电晕，降低无线电干扰水平。

（4）合理选择导线截面和相导线结构以降低线路的电晕噪声水平。

2）生态环境

（1）尽量避让国家公园、自然保护区、世界文化和自然遗产地、风景名胜区、森林公园、地址公园等特殊及重要生态敏感区；尽量避让集中林区，线路经过林区时尽量采用高跨方式。

（2）遵循“避让→减缓→补偿和重建”的顺序，对无法避让的生态敏感区（自然保护区、世界文化和自然遗产地、风景名胜区等），按照主管部门协议要求和环境影响报告书及批复文件中的措施及要求执行。

（3）杆塔设计时采用全方位高低腿铁塔、推荐采用自立塔，尽量减少占地、土石方开挖量；塔位有坡度时根据实际需求修筑护坡，截、排水沟。

（4）在输电线路跨河部分的设计中，应该按照防洪法、河道管理条例、内河横道标准等法律法规和规程规范及跨越水体管理部门的意见和要求进行设计，跨越地点利用地形一档跨越、不在水中建塔，不能在一级饮用水源保护区内立塔。

（5）对占地范围内发现的野生保护植物和古树名木，应上报当地野保部门，按照其要求采取异地迁移保护等措施，禁止随意砍伐。截止2021年底宁夏共有各种野生植物130科645属1909种，属国家Ⅰ级重点保护植物1种，Ⅱ级重点保护植物25种。

（6）尽量减少对野生动物的干扰。截至2021年底，宁夏共有脊椎动物5纲30目87科471种，其中，国家Ⅰ级重点保护动物23种，Ⅱ级重点保护动物84种。

4.1.4.2　施工期采取的环境保护措施

1）施工扬尘

塔基基础开挖过程中，应定时、及时洒水；对施工场地内松散、干涸的表土，也应定时、及时洒水或采取临时覆盖措施。

2）施工废污水

（1）在交通较便利的施工段，施工人员可就近租用民房，生活污水可利用当地的污水处理设施进行处理；在交通不便、人烟稀少的施工段，可以修建简易的化粪池处理生活污水，防止污水漫排。线路施工时在施工场地的外围设置围档设施和修建临时排水沟，妥善排放施工废水，做到文明施工。

（2）线路跨越水体时采用高跨一档方式通过，不在水库或河道中立塔，不砍伐通道。施工期应尽量避开雨季，最大程度地减少雨季水力侵蚀；如无法完全避开雨季，则采取临时挡护和覆盖措施。

（3）施工工序要科学合理安排，土建施工一次到位，避免重复开挖。

（4）施工中的临时堆土点应远离水体，施工余土应根据设计要求的余土处理原则执行，施工弃土应选择远离水体的适当位置妥善处置，并需将弃土堆放在指定堆放点，并办理相应弃土外运协议。

（5）采用苫布对开挖的土方及砂石料等施工材料进行覆盖。

（6）施工废水和废渣应禁止向水体排放，应将施工废水沉淀处理后回用，不得外排；施工人员产生的生活垃圾收集集中后清运至环卫部门指定的处置场所。

（7）施工机具应避免漏油，如发生漏油应收集后外运至具有相应危废处理资质的专业单位妥善统一处置。

（8）施工结束后应及时清理施工场地，并进行植被恢复。

3）施工噪声

对位于环境保护目标附近的塔基依法限制夜间施工。位于一般地区的塔基施工应尽量安排在白天进行；如果因工艺特殊情况要求，需在夜间（指晚上十点至次日早晨六点之间）施工而产生环境噪声污染时，应按《中华人民共和国环境噪声污染防治法》的规定，取得县级以上人民政府或者其有关主管部门的证明，并公告附近居民。

4）拆迁安置

对拆迁安置执行国家有关政策，满足拆迁户的合理要求，由建设单位按征地补偿标准给予相应的现金补偿，当地政府负责拆迁安置工作。

5）固体废物

在工程施工前应作好施工机构及施工人员的环保培训，明确要求施工过程中产生的施工弃土及生活垃圾应分别收集堆放。塔基施工弃土一般量少，在施工完成后堆至塔基征地范围内，堆砌成台型，并采取适宜的植物措施和工程措施；生活垃圾由当地环卫部门妥善处理，及时清运或定期运至环卫部门指定的地点安全处置。施工余土处理主要遵循设计提出的余土处理原则，余土处理措施主要有：（1）平地（包括戈壁、荒漠）和坡度小于15° 山丘塔位余土就地处理，堆放于塔基范围内。（2）坡度介于 15° ~25° 山丘塔位，在保证塔基稳定的前提下，可修筑余土挡墙、堡坎等将余土堆放在塔基范围内，基础露高不小于0.2 m。（3）坡度大于 25° 山丘塔位，余土外运综合利用处理或运至山下指定点堆放。（4）余土外运优先采用外运综合利用。

6）自然保护区的保护措施

（1）对施工区域外的植被采取围挡措施，降低施工对周边植被的破坏。

（2）施工营地和机械维修应依托当地设施，在保护区外进行，减少直接干扰，不在自然保护区范围内设置施工营地。

（3）对临时占地造成的植被破坏，在项目施工后期做好植被恢复工作。

（4）施工过程中，若发现受保护植物或动物，应及时做好防护并通过保护机构。

（5）严禁施工人员捕食、猎杀野生动物的行为。

7）风景名胜区的保护措施

（1）禁止在风景区内设置施工营地，禁止在风景区内维修施工机械设备。

（2）根据旅游活动规律，合理优化施工时间，控制施工活动范围，避免对旅游活动造成干扰。

（3）若风景名胜区为山地地形，施工时应做好植被保护与水土保持，防止石漠化，避免山洪、滑坡、泥石流。

8）饮用水源保护区的保护措施

（1）废水防治措施：应杜绝直接向水源地保护区水体排放，对施工场地和施工生活区的生产废水和生活废水分别设置污水处理装置，加强管理，防止无组织排放。

（2）固体废弃物防治措施：施工人员产生的生活垃圾集中处置、及时清理，绝不允许将生活污水、工程弃土、废泥浆、废弃的混凝土、生活垃圾等弃入水体中。施工结束后及时清理施工弃物，集中外运妥善处置。输电线路工程，跨越江河塔位在施工时期，应禁止向河内倾倒固体废弃物等。

（3）地表植被破坏和水土流失的防治措施：工程施工应按照《饮用水水源保护区污染防治管理规定》进行，施工期应尽量避开雨季；如无法完全避开雨季，则采取临时挡护和覆盖的措施。施工工序要安排科学、合理，土建施工应一次到位，避免重复开挖。施工中的临时堆土点应该远离水体。施工阶段，以开挖线作为施工红线，施工中尽量减少红线外的扰动；施工结束后，采取植被恢复措施，将电网建设内的道路、渣场、临时占地进行绿化，以减少风沙化面积；移植开挖区内的乔、灌木到异地种植，留作后续恢复的树苗；项目施工永久占地采取还林植草的方式进行生态补偿并确保项目所在区域生态环境不受影响。

（4）突发事故处理措施：施工机器应避免漏油，如发生漏油应及时收集，再外运妥善处理。

4.1.4.3　运行期采取的环境保护措施

（1）加强对当地群众进行有关高压送电线路和设备方面的环境宣传工作。

（2）建立各种警告、防护标识，避免意外事故发生。

（3）依法进行运行期的环境管理和环境监测工作。

（4）工程投运后，应进行竣工环境保护验收调查工作，结合环保验收监测数据，对合成场强及噪声超过标准限值的居民点应采取有效措施，确保居民生活环境满足相关标准要求。

4.1.5 环境保护工程量计列原则

（1）环境保护的电磁、噪声、水、固体废物等措施的工程量及投资在工程设计中充分考虑，有关费用在本体设计中计列。

（2）有关生态保护部分，设计考虑了林区的高跨、居民敏感区抬高线高、避让生态敏感区等，在工程本体中计列。

（3）生态敏感区生态专题评估费用及生态补偿费等需单独计列。

（4）其余的施工期临时性防护、施工结束后的生态恢复见水土保持部分。

4.2 水土保持

4.2.1 设计依据

4.2.1.1 法律法规

（1）《中华人民共和国水土保持法》（2011年3月1日）；

（2）《中华人民共和国水土保持法实施条例》（2011年1月8日）；

（3）《中华人民共和国防洪法》（1998年1月1日）；

（4）《水利部办公厅关于印发〈全国水土保持规划国家级水土流失重点预防区和重点治理区复核划分成果〉的通知》（办水保〔2013〕188号）。

4.2.1.2 技术规范与标准

（1）《开发建设项目水土保持技术规范》（GB50433—2008）；

（2）《开发建设项目水土流失防治标准》（GB50434—2008）；

（3）《水土保持工程设计规范》（GB51018—2014）；

（4）《土壤侵蚀分类分级标准》（SL190—2007）；

（5）《防洪标准》（GB50201—2014）；

（6）《造林技术规程》（GB/T15776—2016）；

（7）《输变电项目水土保持技术规范》（SL640—2013）；

（8）《开发建设项目水土保持设施验收技术规程》（GB/T22490—2008）；

（9）《关于颁发水土保持工程概（估）算编制规定和定额的通知》（水利部水总〔2003〕67 号文）。

4.2.1.3 国家电网有限公司有关规定

（1）《国家电网公司电网建设项目水土保持管理办法》（国家电网科〔2019〕550号）；

（2）《特高压线路工程环境保护与水土保持典型设计（试行）》（特计划〔2022〕28号）。

4.2.2 水土保持总体要求

按照“预防为主、保护优先、全面规划、综合治理、因地制宜、突出重点、科学管理、注重效益”的工作方针，根据本工程项目建设区的实际情况，因地制宜地采取综合防治措施，建立有效的水土流失防治体系，使项目征占地的原有水土流失得到基本治理，新增水土流失得到有效控制，生态得到最大限度的保护，环境得到明显改善，在充分保护和合理利用工程所在地水土资源的前提下，保障工程安全运行，减轻工程建设过程中造成的水土流失对周围环境可能带来的影响。

（1）依法合规原则

严格遵循国家和地方制定的有关水土保持法律、法规、标准和技术规范要求，严格控制水土流失，保护和改善生态环境。

（2）预防为主原则

针对项目建设区的特点，按照“预防为主、保护优先”的基本要求，选用先进的设计方案，优化主体工程的设计及施工组织。

（3）生态优先原则

以控制和治理水土流失、保护和改善生态环境为主要目标，在服务主体工程的同时，对项目区环境和周边的生态系统负责，对工程建设可能造成较大影响的，应从水保角度进行方案比选，并作为主体设计比选方案筛选的依据。

（4）综合防治原则

设计中的各种防治措施要紧密结合，并与主体设计中已有措施相互衔接，提出切实可行的水土流失防治对策和具体措施，确保水土保持工程发挥作用。

（5）因地制宜原则

根据项目区的具体情况，坚持因地制宜、因害设防的原则，合理布局水土流失防治措施，注重工程措施和植物措施的合理搭配，做到“标本兼治”。

（6）经济合理原则

水保措施应选择取料方便、易于建造的工程措施及当地适合生长的植物品种，在保障水土保持功能的同时减少建设期的投入和运营期间的养护工作量。

（7）综合利用原则

工程产生的弃渣可结合工程的实际情况，就地整平或外运综合利用。剥离的表土层，应单独堆放，用于后期植被恢复。

（8）“三同时”原则

水保措施必须与主体工程同时设计、同时施工、同时投产使用。

4.2.3　水土保持措施体系

根据线路工程水土流失防治分区，按照预防和治理相结合的原则，坚持局部与整体防治、单项防治措施与综合防治措施相协调、兼顾生态效益与经济效益，进行水土保持措施总体布置，把水土保持工程措施、植物措施、临时措施有机结合起来，以工程措施控制大面积、高强度水土流失，为植物措施的实施创造条件；同时以植物措施与工程措施配套，提高水土保持效果、节省工程投资、改善生态环境，形成完整的、科学的水土流失防治措施体系和总体布局。

4.2.3.1 不同施工场地的水土保持措施体系

进行水土保持设计时首先必须遵循本工程批复的水土保持方案，在满足水土保持方案要求的基础上分析不同地形地貌的特点及水土保持设计要点，有针对性地制定合理的水土保持措施。

（1）平原区

平原区地形平坦，上覆土层较厚，水土流失现象不严重。但平原区主要为农耕区，要注意工程建设对当地农业耕作的影响。施工前进行表土剥离，施工完成后进行表土回覆，并做好耕地恢复工作，防止破坏表层土壤肥力，影响农业生产。对临时堆土做好苫盖，防止风蚀扬尘。平原区水土保持措施体系见表4-2-1。

表 4-2-1 平原区水土流失防治措施体系表

分区	措施类型	防治措施
塔基区（永久占地）	工程措施	表土剥离、表土回覆、土地整治
	植物措施	撒播草籽
	临时措施	临时拦挡（填土编织袋等）、临时苫盖（彩条布、pvc帆布、密目网等）

续表

分区	措施类型	防治措施
塔基施工区（临时占地）	工程措施	土地整治（非耕地）、耕地恢复（耕地）
	植物措施	撒播草籽（非耕地）、栽植灌木（灌木场地）
	临时措施	拦挡（填土编织袋等）、苫盖（彩条布、pvc 帆布、密目网等）、限界（彩旗绳等）、隔离（彩条布、pvc 帆布等）、泥浆沉淀池（灌注桩基础）
施工道路区（人抬道路）	工程措施	土地整治（非耕地）、耕地恢复（耕地）
	植物措施	撒播草籽（非耕地）、栽植灌木（灌木场地）、栽植乔木（乔木场地）
	临时措施	无
施工道路区（机械道路）	工程措施	土地整治（非耕地）、耕地恢复（耕地）
	植物措施	撒播草籽（非耕地）、栽植灌木（灌木场地）、栽植乔木（乔木场地）
	临时措施	限界（彩旗绳等）
牵张场区	工程措施	土地整治（非耕地）、耕地恢复（耕地）
	植物措施	撒播草籽（非耕地）、栽植灌木（灌木场地）
	临时措施	苫盖（彩条布、pvc 帆布、密目网等）、限界（彩旗绳等）、隔离（彩条布、pvc 帆布等）、铺垫（钢板、棕垫等）
跨越场区	工程措施	土地整治（非耕地）、耕地恢复（耕地）
	植物措施	撒播草籽（非耕地）、栽植灌木（灌木场地）
	临时措施	限界（彩旗绳等）

（2）河网区

河网区水道密布，降雨量大且相对集中，水力侵蚀严重。对临时堆土做好苫盖，防止在雨水冲刷下随地表径流汇入河网，淤积河湖及水利设施，影响生态环境。同时，土壤的流失会破坏土层结构，降低生产力，影响农业生产。该地区较多采用灌注桩基础型式，泥浆池中的泥浆含有大量化学物质，要采取合理的处理措施，禁止随意倾倒，防止土壤盐碱化及污染水质。河网区水土保持措施体系见表4-2-2。

表 4-2-2　河网区水土流失防治措施体系表

分区	措施类型	防治措施
塔基区（永久占地）	工程措施	表土剥离、表土回覆、土地整治
	植物措施	撒播草籽
	临时措施	临时拦挡（填土编织袋等）、临时苫盖（彩条布、pvc 帆布、密目网等）
塔基施工区（临时占地）	工程措施	土地整治（非耕地）、耕地恢复（耕地）
	植物措施	撒播草籽（非耕地）、栽植灌木（灌木场地）
	临时措施	拦挡（填土编织袋等）、苫盖（彩条布、pvc 帆布、密目网等）、限界（彩旗绳等）、隔离（彩条布、pvc 帆布等）、泥浆沉淀池（灌注桩基础）
施工道路区（人抬道路）	工程措施	土地整治（非耕地）、耕地恢复（耕地）
	植物措施	撒播草籽（非耕地）、栽植灌木（灌木场地）、栽植乔木（乔木场地）
	临时措施	无
施工道路区（机械道路）	工程措施	土地整治（非耕地）、耕地恢复（耕地）
	植物措施	撒播草籽（非耕地）、栽植灌木（灌木场地）、栽植乔木（乔木场地）
	临时措施	限界(彩旗绳等)、苫盖(彩条布、pvc 帆布、密目网等)、隔离（彩条布、pvc 帆布等）

续表

分区	措施类型	防治措施
牵张场区	工程措施	土地整治（非耕地）、耕地恢复（耕地）
	植物措施	撒播草籽（非耕地）、栽植灌木（灌木场地）
	临时措施	苫盖(彩条布、pvc帆布、密目网等)、限界(彩旗绳等)、隔离（彩条布、pvc帆布等）、铺垫（钢板、棕垫）
跨越场区	工程措施	土地整治（非耕地）、耕地恢复（耕地）
	植物措施	撒播草籽（非耕地）、栽植灌木（灌木场地）
	临时措施	限界（彩旗绳等）

（3）山丘区

山丘区地表起伏大，坡度陡峭，上覆土层薄，部分风化岩裸露破碎，稳定性较差，在雨水作用下，容易发生山崩、滑坡和泥石流等灾害，造成水土流失。

水土保持设计要加强临时堆土的拦挡措施，制定合理的余土处理方式，防止发生土方溜坡现象。当塔位距陡峭边坡较近时，施工扰动易导致边坡失稳，要做好边坡防护措施。基坑开挖回填导致周围土层较为疏松，要结合现场地形地势设置有效的拦水措施，防止雨水冲刷造成水土流失。山丘区水土保持措施体系见表4-2-3。

表 4-2-3　山丘区水土流失防治措施体系表

分区	措施类型	防治措施
塔基区（永久占地）	工程措施	表土剥离、表土回覆、土地整治、工程护坡、截排水沟（消能顺接措施）、挡渣墙、挡水墙
	植物措施	撒播草籽、植物护坡
	临时措施	临时拦挡（填土编织袋等）、临时苫盖（彩条布、pvc 帆布、密目网等）
塔基施工区（临时占地）	工程措施	土地整治（非耕地）、耕地恢复（耕地）
	植物措施	撒播草籽（非耕地）、栽植灌木（灌木场地）
	临时措施	拦挡（填土编织袋等）、苫盖（彩条布、pvc 帆布、密目网等）、限界（彩旗绳等）、隔离（彩条布、pvc 帆布等）、泥浆沉淀池（灌注桩基础）
施工道路区（人抬道路）	工程措施	土地整治（林地、园地）、耕地恢复（耕地）
	植物措施	撒播草籽（非耕地）、栽植灌木（灌木场地）、栽植乔木（乔木场地）
	临时措施	无
施工道路区（机械道路）	工程措施	表土剥离、表土回覆、土地整治（非耕地）、耕地恢复（耕地）
	植物措施	撒播草籽（非耕地）、栽植灌木（灌木场地）、栽植乔木（乔木场地）
	临时措施	拦挡（填土编织袋等）、苫盖（彩条布、pvc 帆布、密目网等）、隔离（彩条布、pvc 帆布等）、临时排水沟
索道区	工程措施	表土剥离、表土回覆、土地整治（非耕地）、耕地恢复（耕地）
	植物措施	撒播草籽（非耕地）、栽植灌木（灌木场地）
	临时措施	苫盖（彩条布、pvc 帆布、密目网等）、限界（彩旗绳等）、隔离（彩条布、pvc 帆布等）

续表

分区	措施类型	防治措施
牵张场区	工程措施	表土剥离、表土回覆、土地整治（非耕地）、耕地恢复（耕地）
	植物措施	撒播草籽（非耕地）、栽植灌木（灌木场地）
	临时措施	苫盖（彩条布、pvc 帆布、密目网等）、限界（彩旗绳等）、隔离（彩条布、pvc 帆布等）、铺垫（钢板、棕垫等）
跨越场区	工程措施	土地整治（非耕地）、耕地恢复（耕地）
	植物措施	撒播草籽（非耕地）、栽植灌木（灌木场地）
	临时措施	限界（彩旗绳等）

（4）戈壁区

戈壁区地面几乎被粗沙、砾石所覆盖，植物稀少。粗沙虽然流动性较细沙差，但依然需做好防风固沙措施。戈壁区水土保持措施体系见表4-2-4。

表 4-2-4 戈壁区水土流失防治措施体系表

分区	措施类型	防治措施
塔基区（永久占地）	工程措施	工程护坡、土地整治、碎石覆盖（土质地层）、沙障（固化临时沙丘）
	植物措施	无
	临时措施	临时拦挡（填土编织袋等）、临时苫盖（彩条布、pvc 帆布、密目网等）
塔基施工区（临时占地）	工程措施	土地整治
	植物措施	无
	临时措施	拦挡（填土编织袋等）、苫盖（彩条布、pvc 帆布、密目网等）、限界（彩旗绳等）、隔离（彩条布、pvc 帆布等）

续表

分区	措施类型	防治措施
施工道路区（人抬道路）	工程措施	土地整治
	植物措施	无
	临时措施	无
施工道路区（机械道路）	工程措施	土地整治
	植物措施	无
	临时措施	限界（彩旗绳等）
牵张场区	工程措施	土地整治
	植物措施	无
	临时措施	苫盖（彩条布、pvc 帆布、密目网等）、限界（彩旗绳等）、隔离（彩条布、pvc 帆布等）
跨越场区	工程措施	土地整治
	植物措施	无
	临时措施	限界（彩旗绳等）

（5）荒漠区

荒漠区地表荒芜，缺乏植被覆盖，地表覆盖物多为细沙，风沙活动频繁，地表干燥、裸露，沙砾易被吹扬，常形成沙暴，水土保持重点是要做好防风固沙措施。荒漠区水土保持措施体系见表4-2-5。

表 4-2-5 荒漠区水土流失防治措施体系表

分区	措施类型	防治措施
塔基区（永久占地）	工程措施	工程护坡、土地整治、碎石覆盖（土质地层）、沙障（固化临时沙丘）
	植物措施	无
	临时措施	临时拦挡（填土编织袋等）、临时苫盖（彩条布、pvc 帆布、密目网等）
塔基施工区（临时占地）	工程措施	土地整治
	植物措施	无
	临时措施	拦挡（填土编织袋等）、苫盖（彩条布、pvc 帆布、密目网等）、限界（彩旗绳等）、隔离（彩条布、pvc 帆布等）
施工道路区（人抬道路）	工程措施	土地整治
	植物措施	无
	临时措施	无
施工道路区（机械道路）	工程措施	土地整治
	植物措施	无
	临时措施	限界（彩旗绳等）
牵张场区	工程措施	土地整治
	植物措施	无
	临时措施	苫盖（彩条布、pvc 帆布、密目网等）、限界（彩旗绳等）、隔离（彩条布、pvc 帆布等）
跨越场区	工程措施	土地整治
	植物措施	无
	临时措施	限界（彩旗绳等）

4.2.3.2 不同施工阶段的水土保持措施体系

水土保持措施体系与输电线路施工工艺流程密切相关。根据不同施工阶段的水土保持措施体系特点，将其划分为材料运输阶段、基础施工阶段、杆塔组立阶段、架线阶段等4个主要流程节点，其相应水土保持措施体系流程如下。

1）材料运输阶段

施工道路生命周期分为施工准备阶段、施工阶段及场地恢复阶段，施工准备阶段扰动主要来自于道路修筑，施工阶段扰动主要为运输车辆、机械设施的碾压，场地恢复阶段主要为恢复原地貌。

（1）平原区

平原区地形平坦，材料运输在施工准备阶段需采取限界措施，场地恢复阶段应采取土地整治、耕地恢复等工程措施，并采取撒播草籽、栽植灌木等植物措施。其水土保持措施及流程见图4-2-1。

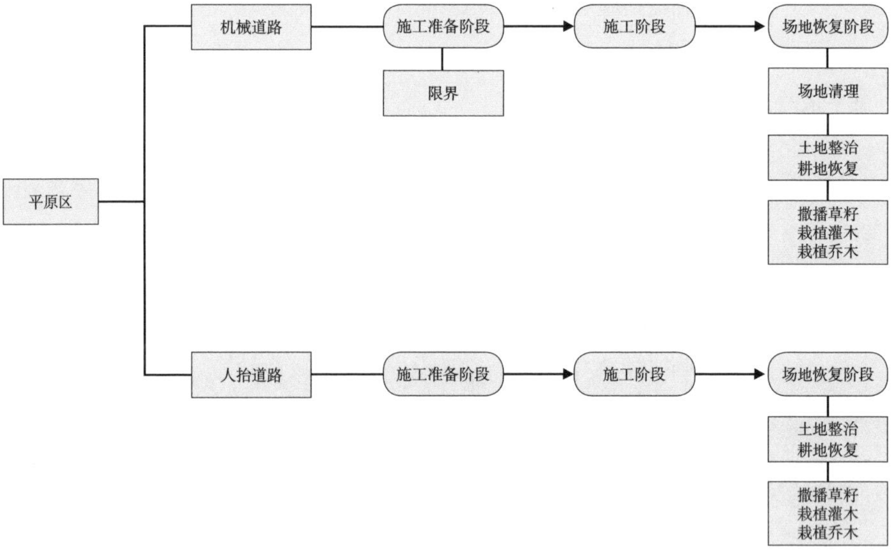

图4-2-1 材料运输阶段水土保持典型措施体系及流程（平原区）

（2）河网区

河网区水道密布，降雨量大且相对集中，水力侵蚀严重，材料运输在施工准备阶段需采取限界措施，场地恢复阶段应采取土地整治、耕地恢复等工程措施，并采取撒播草籽、栽植乔灌木等植物措施。其水土保持措施及流程见图4-2-2。

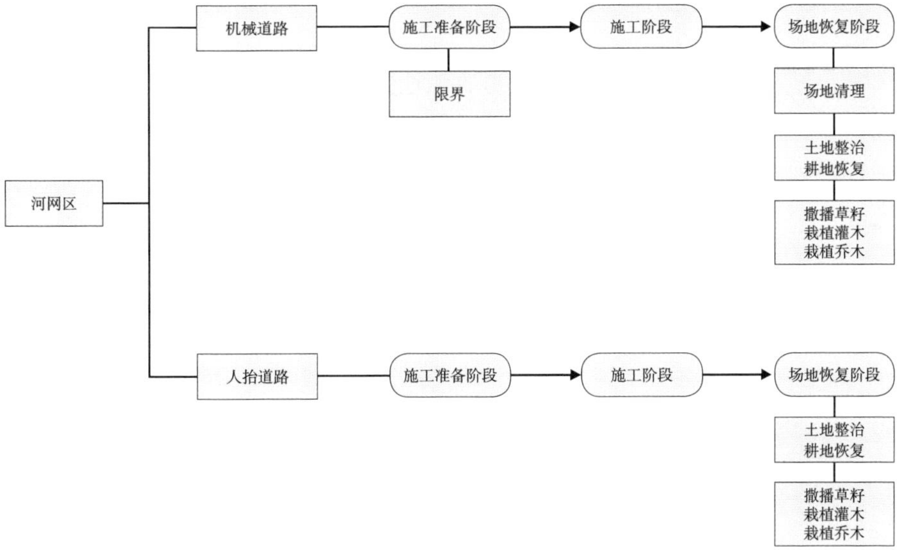

图4-2-2　材料运输阶段水土保持典型措施体系及流程（河网区）

（3）山丘区

山丘区由于地表起伏大，道路修建需考虑土石方开挖、雨水冲刷等造成水土流失，因此山丘区材料运输在施工准备阶段需采取限界、表土剥离、临时排水等措施，施工阶段需采取铺垫保护措施，场地恢复阶段应采取表土回覆、土地整治、耕地恢复等工程措施，并采取撒播草籽、栽植灌木等植物措施。其水土保持措施体系及流程见图4-2-3。

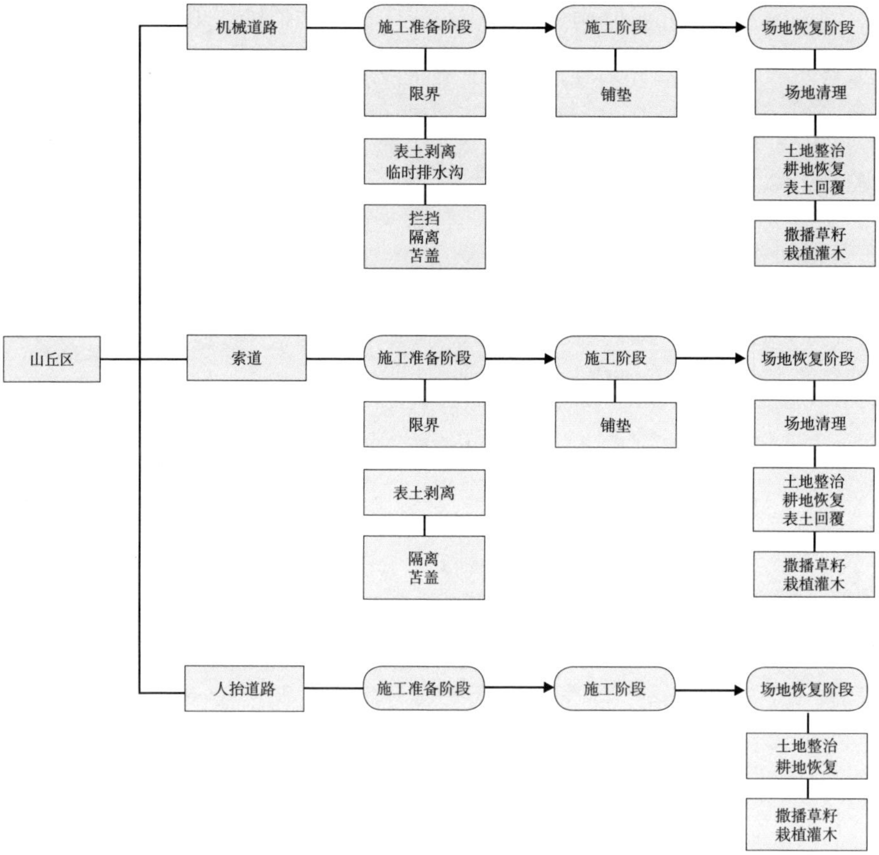

图4–2–3　材料运输阶段水土保持典型措施体系及流程（山丘区）

（4）戈壁区

戈壁区地面几乎被粗沙、砾石所覆盖，植物稀少，材料运输在施工准备阶段需采取限界措施，场地恢复阶段应采取土地整治措施。其水土保持措施及流程见图4–2–4。

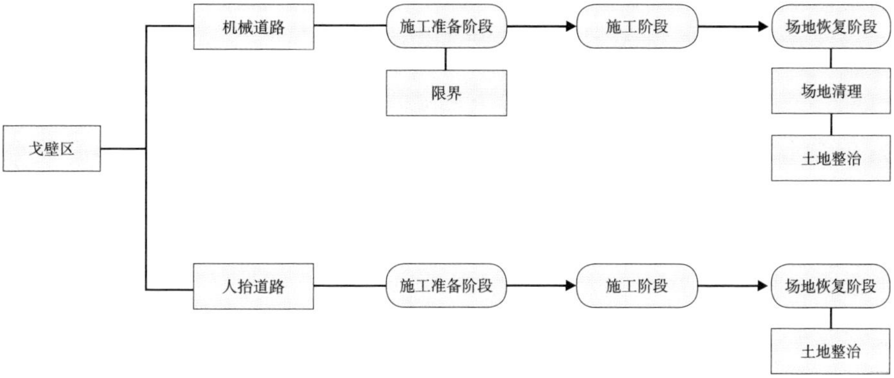

图4-2-4　材料运输阶段水土保持典型措施体系及流程（戈壁区）

（5）荒漠区

荒漠区地表荒芜，缺乏植被覆盖，材料运输在施工准备阶段需采取限界措施，场地恢复阶段应采取土地整治措施。其水土保持措施及流程见图4-2-5。

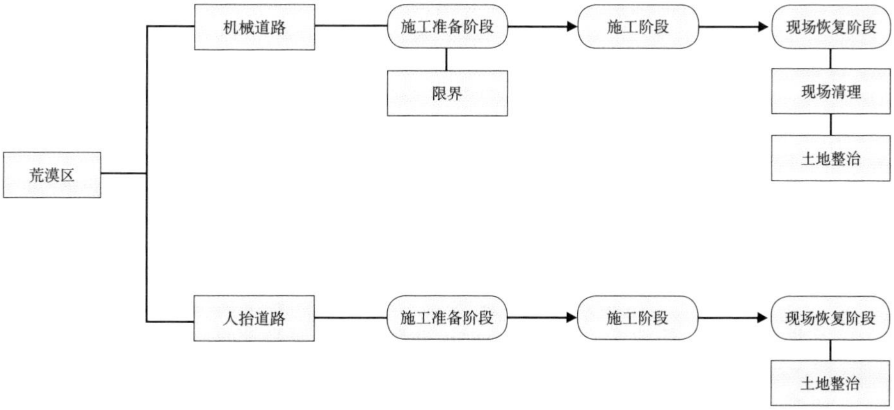

图4-2-5　材料运输阶段水土保持典型措施体系及流程（荒漠区）

2）基础施工阶段

基础施工阶段主要扰动区域为塔基区及塔基施工区，基础施工阶段施工准备期主要是限定施工扰动区域范围，根据地表覆盖物的情况进行表土剥离或草皮剥离；施工阶段主要是基础开挖产生的基槽土、钻渣等的防护；基础施工结束后进入组塔施工阶段，因组塔施工扰动区域主要为塔材堆放区及组塔机械设备占压的区域，大部分区域不再产生大范围扰动，因此，后续施工不再扰动的区域进入场地恢复阶段。由于不同地形地貌，基础施工阶段的施工工艺及流程有所不同，因此需采取的水土保持措施也有所区别，不同地形地貌及基础施工阶段水土保持典型措施体系如下。

（1）平原区

平原区基础施工阶段主要注意工程建设对农业耕作的影响，其水土保持措施体系及流程见图4-2-6。

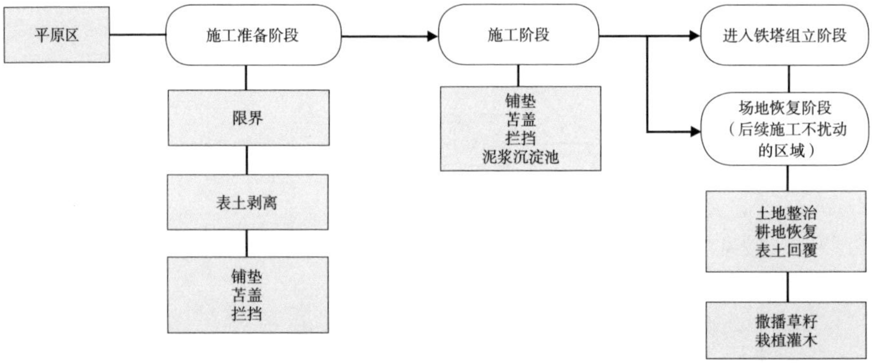

图4-2-6　基础施工阶段水土保持典型措施体系及流程（平原区）

（2）河网区

河网区基础施工阶段主要注意工程建设水利设施的影响，其水土保持措施体系及流程见图4-2-7。

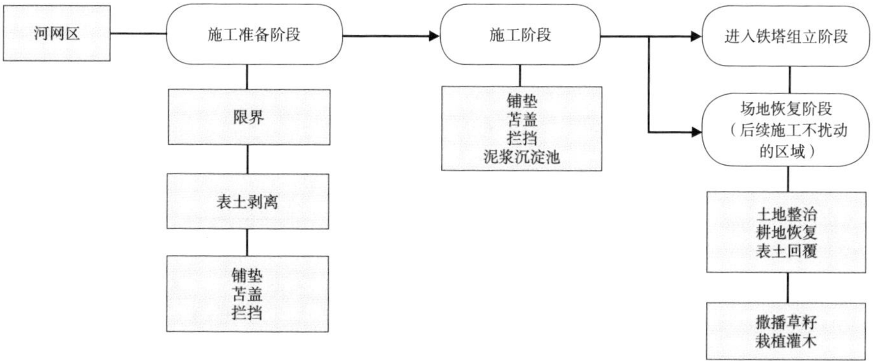

图4-2-7　基础施工阶段水土保持典型措施体系及流程（河网区）

（3）山丘区

山丘区余土根据地形条件需分别采取就地处理和外运处理方式，不同处理方式下，其水土保持措施体系及流程见图4-2-8。

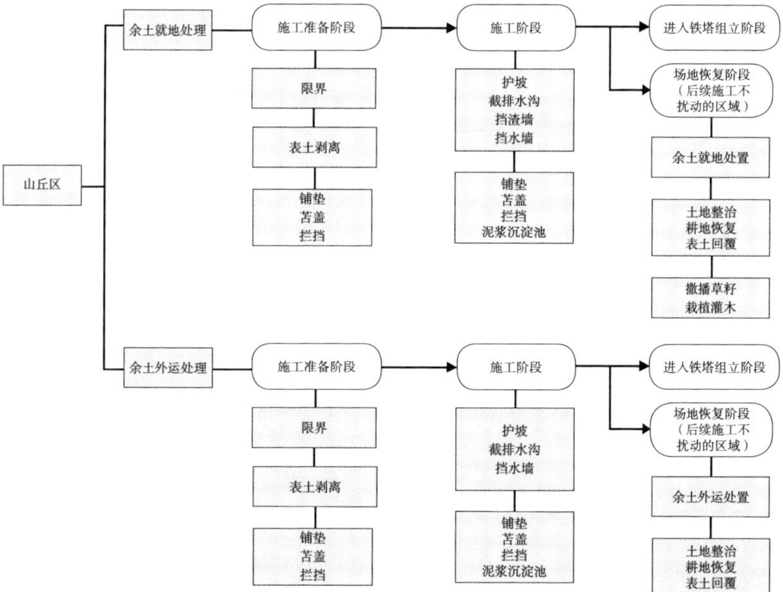

图4-2-8　基础施工阶段水土保持典型措施体系及流程（山丘区）

（4）戈壁区

戈壁区基础施工阶段水土保持重点为做好防风固沙措施，其水土保持措施体系及流程见图4-2-9。

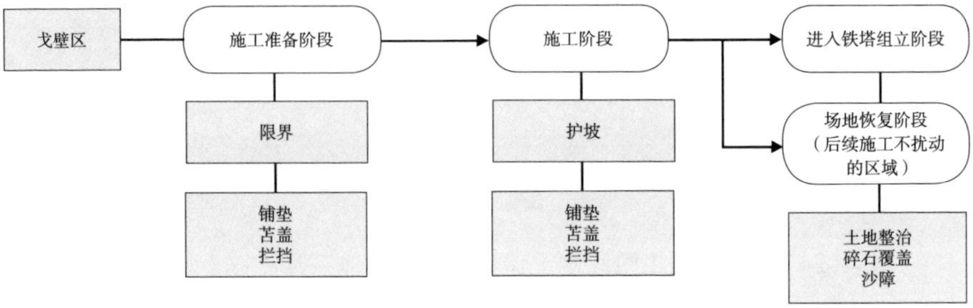

图4-2-9　基础施工阶段水土保持典型措施体系及流程（戈壁区）

（5）荒漠区

荒漠区基础施工阶段水土保持重点为做好防风固沙措施，其水土保持措施体系及流程见图4-2-10。

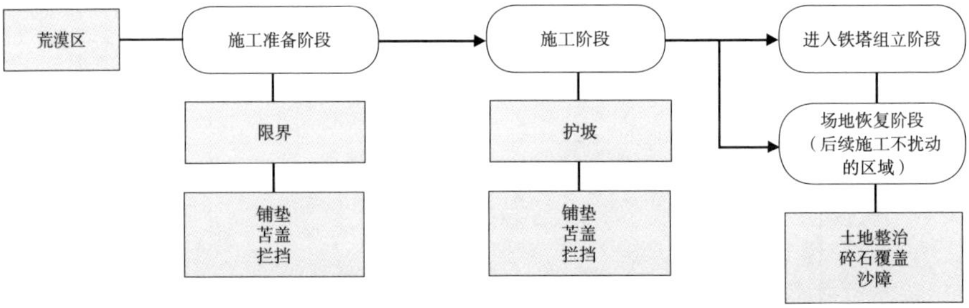

图4-2-10　基础施工阶段水土保持典型措施体系及流程（荒漠区）

3）铁塔组立阶段

铁塔组立阶段主要扰动区域为塔材堆放占压及机械设备碾压，需考虑修建施工平台时因土石方开挖产生的影响。铁塔组立阶段水土保持典型措施体系如下。

（1）需搭建施工平台（图4-2-11）

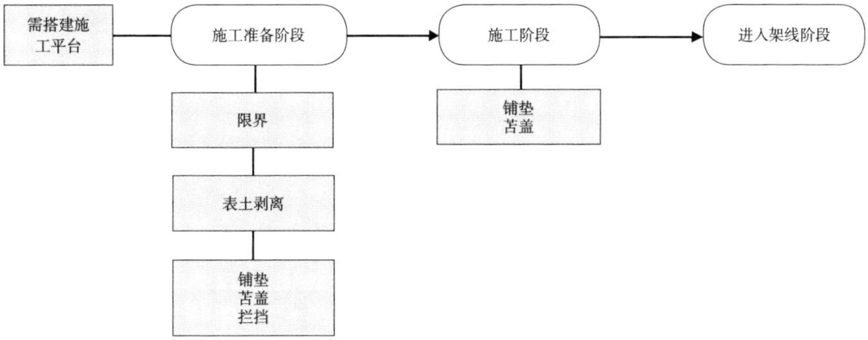

图4-2-11　需搭建施工平台

（2）无需搭建施工平台（图4-2-12）

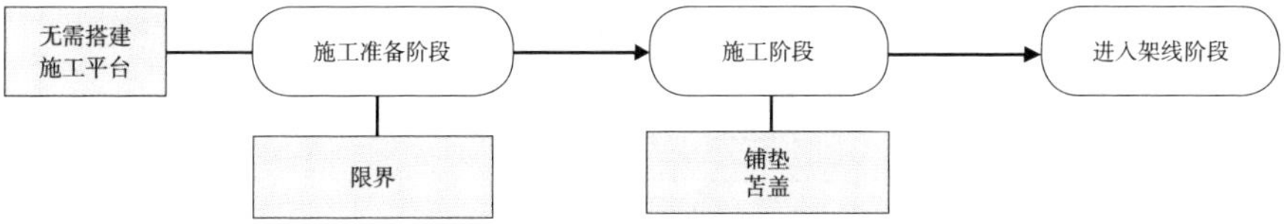

图4-2-12　无需搭建施工平台

4）架线阶段

架线阶段水土流失影响主要来自塔基区、牵张场、跨越施工场，主要影响为设备占压影响，山丘区设置的牵张场及跨越施工场需对场地进行平整，因此还需注意土方开挖的水土流失防护措施，其水土流失典型措施体系及流程见图4-2-13。

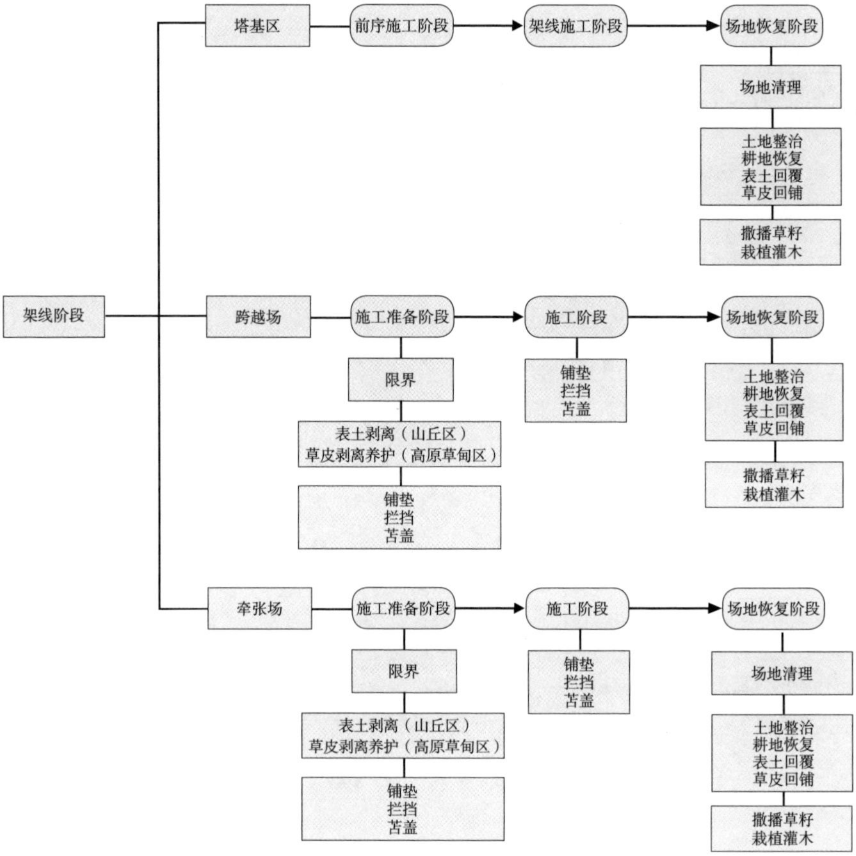

图4-2-13　架线阶段水土保持典型措施体系及流程

4.2.4　水土保持措施

线路工程主要水土流失防治为项目建设区中的永久占地区和临时占地区。对于工程永久性占地区，因该区施工原因，地表扰动相对剧烈，水土流失防治需以工程措施为主，裸露地表部分必要时辅以植物措施；而工程临时性占地区主要为塔基施工区、牵张场区、跨越施工区、施工道路区（分为人抬道路和机械道路）、索道区等，对该区的水土流失防治主要以工程措施、植物措施以及临时措施为主。

4.2.4.1　工程措施

线路工程常见水土保持工程措施主要包括：表土剥离及回覆、土地整治、护坡、排水沟、碎石压盖、挡渣墙等。

1）表土剥离及回覆

表土剥离位置主要考虑塔基施工区、机械进场道路区（人抬道路及平原地区机械进场段除外）、索道门架施工区、牵张场等区域的施工动土（开挖）范围。除裸岩、沙滩、纯水域等无表土地段外，其余草地、林地、耕地、园地均需进行表土剥离，剥离厚度根据地表的实际情况确定（图4-2-14）。剥离的表土应在施工场地内单独堆存保护，完工后回覆至施工扰动区表层（图4-2-15）。

图4-2-14　表土剥离

图4-2-15　表土回覆

水土保持要求：

（1）表土剥离

表土剥离直接采用推土机推至存储区，对于区域较小部位采用1 m^3反铲挖掘机配合，具体施工工艺流程为施工准备、测量放样、表土剥离、堆存保护。

①施工准备

建好施工平面控制网、高程系统，按设计要求放出开挖高程及开挖边线。

②测量放样

表土剥离前，利用全站仪及水准仪进行测量放样，确定开挖范围、高程，并打（放）开挖范围、开挖深度控制桩线。

③表土剥离

根据测量放样，利用推土机或人工剥离，表土剥离厚度按占地类型进行剥离。山丘区占用耕地、园地剥离厚度按20 cm，占用林地及草地剥离厚度按20 cm；平原区占用耕地、园地、林地及草地剥离厚度按30 cm。

④堆存保护

由于表土存储无压实度要求，因此按要求堆放在存储地后进行拍实即可，表层苫盖防尘网或彩条布，防止刮风引起扬尘，边坡采用填土编织袋装土进行拦挡。

（2）表土回覆

土地整平工作结束后，应调运临时堆放表土回覆至扰动区域，剥离表土全部回覆，对于回覆的表土需进行整平。

2）土地整治

对占用林地及草地的各扰动区（塔基区、牵张场区、跨越施工区、施工道路区、索道区）施工结束后均需进行土地整治（图4-2-16、图4-2-17）。土地整治需对施工扰动范围内的垃圾、碎（块）石、废渣等有碍物利用机械

图4-2-16　塔基区土地整治

图4-2-17　牵张场土地整治

结合人工彻底清除，再对地表进行翻垦、松土。对于原地貌表土层贫瘠的区域可采购耕植土（或腐殖土）进行客土回覆。对于恢复为耕地的应增施有机肥、复合肥或其他肥料。对于恢复为林草地的，应优先栽植具有根瘤菌或其他固氮菌的绿肥植物。水土保持要求：

（1）土地整治后的要求

土地整治包括临时堆土、弃渣表面的土地整治。基坑开挖时应将表层的熟土和下部的生土分开堆放；土地整治时，应将熟土覆盖在表层，根据原土地类型，尽量恢复其原来的土地功能（农田）或恢复植被（宜草、宜林的非农田，撒播草籽，施工单位在植被恢复时应调研塔位所在地区适用的植被和草籽类型，因地制宜地选用该地区适用的草籽类型进行植被恢复，且草籽播撒应尽量选择雨水较充沛的时间）。

房屋工厂拆迁后，基础及表层混凝土结构应破除处理，平丘和山地破除深度按0.3 m，岩石地基不破除。土地应回填整理，破除深度及回填土需满足耕作（农田，采用熟土回填）或植被恢复。建筑垃圾应清理并根据当地要求堆放至指定地点，须堆放整齐，必要时进行围挡，以保护环境，避免水土流失。

（2）整地方式

全面整地：适用于占地较大区域农地和景观绿化用地的平整，整地坡度小于3° 可采用机械整地方式。

局部整地：适用于恢复经济林木、站址区绿化等，一般整地坡度为3° ~5°，采用人工整地方式。

阶地式整地：适用于分层平台整地，平台上呈倒坡，坡度1° ~2°，采用人工整地方式。

3）其他工程措施

其他工程措施如工程护坡、挡土墙、排水沟、沙障等属于主体工程（图4-2-18、图4-2-19、图4-2-20、图4-2-21）。水土保持要求：

图4-2-18　工程护坡

图4-2-19　挡土墙

图4-2-20　排水沟

图4-2-21　草方格沙障

（1）工程护坡

凡易风化的或易受雨水冲刷的岩石和土质边坡及严重破碎的岩石边坡应进行护坡防护；软硬岩层相间的路堑边坡，应根据岩层情况采用全部或局部防护；在多雨地区，用砂类土壤筑的路堤，其路肩和边坡坡面易受雨水冲刷流失，应根据具体情况对坡面进行防护。凡适宜于生长植物且坡度不大于1：1.5的边坡，应优先采用植物防护。对不适宜植物生长的边坡，可根据其土石性质、高度及陡度，选择其他合适的工程护坡类型。

（2）挡土墙

由于输电线路工程距离长、塔位分散，单个基础开挖产生的弃渣量较小。因此，对于基础开挖产生的弃渣，一般采取就近处置的方式。对于山地丘陵地区塔基础开挖的余土，首先用于塔座基面四周的平整；当铁塔位于山包，四周为陡坡时，降底基面与基坑开挖的土石方无法就地堆稳时，应在堆土的下方修一道挡土墙，将余土放入其内，避免余土被雨水冲入山下影响生态环境。

（3）排水沟

截水沟一般布设在山区、丘陵区输电线路塔基处。输电线路塔基处截水沟一般布设在塔基上游来水汇集处，一般距离线路塔基2~3 m；排水沟一般布设在下游排水区域或作为截水沟的顺接工程，一般距离线路塔基2~3 m。

截排水沟出口处可直接接入已有排水沟（渠）内，没有顺接条件的，需与天然沟道进行顺接，顺接部位布设块石防护、喇叭口或修建消力池等消能顺接措施。

（4）沙障

针对流动沙丘，宜选用黄柳、柴草、秸秆、黏土、树枝、板条、卵石等物料在沙面上做成障蔽物，进行机械固沙（死植）。针对原地表有一定植被覆盖，且地下水位相对较高的半流动沙丘宜选用杨柴、黄柳、沙柳等具有再生能力的活植物体进行生物固沙。

草方格沙障的规格要根据地区风力大小而定，草方格的形式及规格应符合设计要求。实践证明，在地形起伏不大的沙面上1 m×1 m 草方格最为合理，在风能较小的平坦沙地可以灵活地放大草方格规格；在迎风坡，因地形的倾斜，沿等高线的草带要加密。草方格的用草量要适当，草量过少影响其防沙效益，太多造成材料的浪费，也增加施工难度。

4.2.4.2 植物措施

线路工程常见水土保持植物措施主要包括播撒草籽、栽植乔木（灌木）、草皮剥离及回覆。

1）播撒草籽

位于林地及草地的各扰动区（塔基区、牵张场区、跨越施工区、施工道路区、索道区）均需进行植草绿化。耕地、荒漠、戈壁区域可不设计播撒草籽措施。草籽优先选用乡土草种，多种草籽混合配置。

水土保持要求：

（1）播种量

通常冷季型草坪大粒种子的单播种量为20~40 g/m^2，小粒种子8~20 g/m^2，优质混播草坪20~40 g/m^2；暖季型草坪草的日本结缕草20~30 g/m^2，狗牙根和假俭草10~15 g/m^2，地毯草10~15 g/m^2，巴哈雀稗10~15 g/m^2。

（2）播种方法

草坪播种常用的具体方法有撒播、条播、点播、纵横式播种和回纹式播种。草坪草种播种首先要求种子均匀地覆盖在坪床上，其次是使种子掺和到1~1.5 cm 的土层中去。大面积播种可利用播种机，小面积则常采用手播。此外也可采用水力播种，即借助水力播种机将种子喷至坪床上，是远距离播种和陡坡绿化的有效手段。

2）栽植乔（灌）木

乔（灌）木栽植密度按照批复后的水土保持方案取值。

水土保持要求：

通常选择春季造林，适宜我国大部分地区。春季造林应根据树种的物候期和土壤解冻情况适时安排造林，一般在树木发芽前7~10天完成。南方造林，土壤墒情好时应尽早进行；北方造林，土壤解冻到栽植深度时抓紧造林。

乔木选用适宜当地生长的树种，苗木规格可根据项目所处环境，选择幼苗即可，栽植株距、行距多为（2~4）m×（2~4）m，或根据乔木种类确定初植密度。

树种宜选用自然生长高度较低的灌木，灌木选用适宜宁夏当地环境的树种，苗木规格可选用幼苗，栽植株距、行距可根据项目区的立地条件，在（0.5~1）m×（0.5~1）m 之间。

3）草皮剥离及回铺

按照长 × 宽为0.5 m×0.5 m 的尺寸规格将原生地表植被切割剥离（厚度根据实际情况确定），并移至草皮养护点。养护草皮的时间不宜过长，土方工程回填完，土地整治完毕后应立即进行草皮回铺。并及时洒水、定期养护，防止人畜破坏。

4.2.4.3　临时措施

线路工程常见水土保持临时措施主要包括施工场地限界（彩条旗、围栏）、彩条布隔离、苫盖、袋装土拦挡、铺设钢板或棕垫。主要用于施工期间容易造成水土流失的临时堆土、余土及施工场地等裸露区域。

（1）彩条布苫盖（图4–2–22）

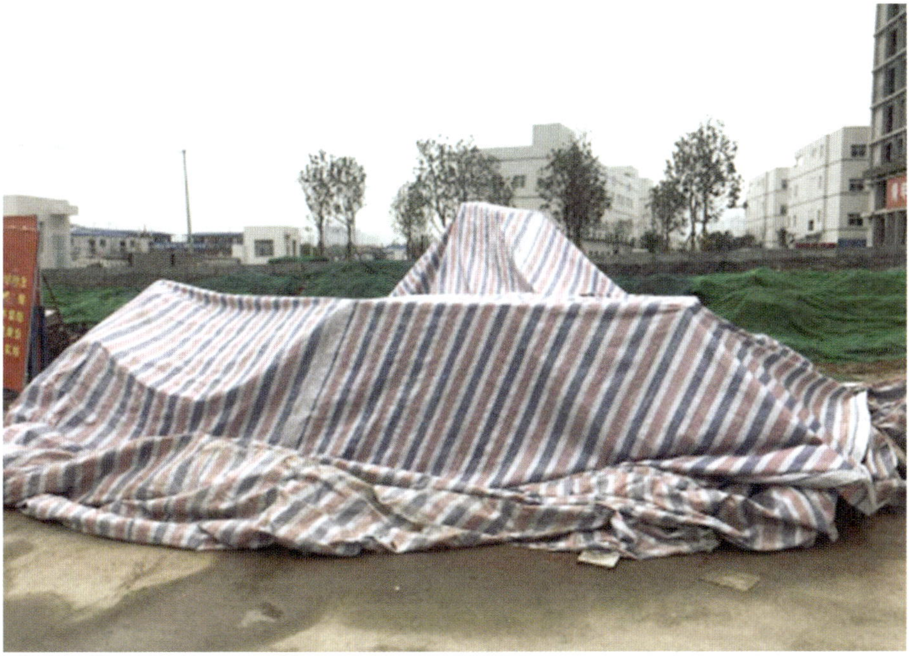

图4–2–22　彩条布苫盖

水土保持要求：

对临时堆放的渣土和当地材料供应情况，选用彩条布等苫盖，周边用重物压实，避免刮风引起的扬尘及降雨形成径流。苫盖用料根据堆土面积计算，按照 1.2~1.5 的倍数进行苫盖。

（2）彩条布铺垫（图4-2-23）

图4-2-23 彩条布铺垫

水土保持要求：对临时堆放的渣土和当地材料供应情况，选用彩条布等铺垫在底部，减少清理渣土时对原地貌的扰动。铺垫用料根据堆土面积计算，按照1.2~3的倍数进行铺垫。

（3）填土编织袋（草袋）拦挡（图4-2-24）

图4-2-24 填土编织袋（草袋）拦挡

水土保持要求：

临时拦挡措施一般采用编织袋、草袋装土进行挡护，编织袋（草袋）装土布设于堆场周边、施工边坡的下侧，其断面形式和堆高在满足自身稳定的基础上，根据堆体形态及地面坡度确定。一般采取“品”字形紧密排列的堆砌护坡方式，挡护基坑挖土，避免坡下出现不均匀沉陷，铺设厚度一般按0.4~0.6 m，坡度不应陡于1∶1.2~1∶1.5，高度宜控制在2 m 以下。编织袋（草袋）填土交错垒叠，袋内填充物不宜过满，一般装至编织袋（草袋）容量的70%~80% 为宜。同时，对于水蚀严重的区域，在“品”字形编织袋、草袋挡墙的外侧需布设临时排水设施，风蚀区则不考虑。

4.2.4.4　余土处理措施

余土处理措施要求如下：

（1）平地（包括戈壁、荒漠）和坡度小于15° 山丘塔位余土就地处理，堆放于塔基范围内。

（2）坡度介于15° ~25° 山丘塔位，在保证塔基稳定的前提下，可修筑余土挡墙、堡坎等将余土堆放在塔基范围内，基础露高不小于 0.2 m。

（3）坡度大于25° 山丘塔位，余土外运综合利用处理或运至山下指定点堆放。

（4）余土外运优先采用外运综合利用。

（5）余土运距应结合勘察设计阶段踏勘成果根据现场实际距离确定。

4.2.5　水保费用概算计列原则

（1）护坡、挡墙、排水沟等工程措施直接计入工程本体，设计提供工程量，技经专业根据定额计列费用。

（2）表土剥离、表土回覆以土方的形式计入工程本体（在土方中单独列项，土方量应扣除表土剥离量），设计提供工程量，技经专业按照土方定额计列费用。

（3）耕地恢复或土地整治按面积计列，计入限价，但不进入概算。

（4）碎石覆盖、沙障以其他费形式计入工程概算，设计提供工程量，技经专业按定额计列费用。

（5）植物护坡、栽植灌木、播撒草籽以其他费形式计入工程概算，设计提供工程量，技经专业按定额计列费用（塔基、施工作业面、进场道路不再计入青苗补偿费）。

（6）彩条旗围护、金属围栏、彩条布铺设、临时苫盖、填土编织袋拦挡在概算中不单独计列费用，费用统一在安全文明措施费中考虑。

（7）泥浆沉淀池以其他费形式计入工程概算，设计提供泥浆池处数。

（8）铺设钢板、棕垫以其他费形式计入工程概算，设计提供工程量，技经专业按水保定额计列费用。

4.3 生态敏感点环水保优化设计

4.3.1 水源保护区

4.3.1.1 水源保护区的政策处理要求

根据《饮用水水源保护区划分技术规范》（HJ338—2018），3.1中对饮用水水源保护区的定义为指为防止饮用水水源地污染、保证水源水质而划定，并要求加以特殊保护的一定范围的水域和陆域。饮用水水源保护区分为一级保护区和二级保护区，必要时可在保护区外划分准保护区；3.5中对饮用水水源准保护区的定义为指依据需要，在饮用水水源二级保护区外，为涵养水源、控制污染源对饮用水水源水质的影响，保证饮用水水源二级保护区的水质而划定，需实施水污染物总量控制和生态保护的区域。

根据《中华人民共和国水污染防治法》、《饮用水水源保护区污染防治管理规定》，在饮用水地表水源取水口附近划定一定的水域和陆域作为饮用水地表水源一级保护区。一级保护区的水质标准不得低于国家规定的《地表水环境质量标准》Ⅱ类标准，并须符合国家规定的《生活饮用水卫生标准》的要求。在饮用水地表水源一级保护区外划定一定水域和陆域作为饮用水地表水源二级保护区。二级保护区的水质标准不得低于国家规定的《地表水环境质量标准》Ⅲ类标准，应保证一级保护区的水质能满足规定的标准。根据需要可在饮用水地表水源二级保护区外划定一定的水域及陆域作为饮用水地表水源准保护区。准保护区的水质标准应保证二级保护区的水质能满足规定的标准。

《饮用水水源保护区污染防治管理规定》(2010年12月22日修正)

第十一条　饮用水地表水源各级保护区及准保护区内均必须遵守下列规定：

一、禁止一切破坏水环境生态平衡的活动以及破坏水源林、护岸林、与水源保护相关植被的活动。

二、禁止向水域倾倒工业废渣、城市垃圾、粪便及其它废弃物。

三、运输有毒有害物质、油类、粪便的船舶和车辆一般不准进入保护区，必须进入者应事先申请并经有关部门批准、登记并设置防渗、防溢、防漏设施。

四、禁止使用剧毒和高残留农药，不得滥用化肥，不得使用炸药、毒品捕杀鱼类。

第十二条　饮用水地表水源各级保护区及准保护区内必须分别遵守下列规定：

一、一级保护区内禁止新建、扩建与供水设施和保护水源无关的建设项目；禁止向水域排放污水，已设置的排污口必须拆除；不得设置与供水需要无关的码头，禁止停靠船舶；禁止堆置和存放工业废渣、城市垃圾、粪便和其他废弃物；禁止设置油库；禁止从事种植、放养畜禽和网箱养殖活动；禁止可能污染水源的旅游活动和其他活动。

二、二级保护区内禁止新建、改建、扩建排放污染物的建设项目；原有排污口依法拆除或者关闭；禁止设立装卸垃圾、粪便、油类和有毒物品的码头。

三、准保护区内禁止新建、扩建对水体污染严重的建设项目；改建建设项目，不得增加排污量。

4.3.1.2 水源保护区对应的环境保护措施

工程应尽量避开饮用水水源保护区一级区，无法避让的，不在一级保护区内立塔；穿越二级保护区时优化塔基布设，依据当地地形地貌，尽量采取高跨方式通过，尽量减少保护区内塔基数量。

对穿越的水源保护区编制环境风险应急预案，对架设线路方案、工程施工阶段以及项目建设运行过程中的环保措施进行充分论证，采取防遗洒、防泄漏等措施，设置专用收集系统，对所收集的污水和固体废物进行异地处理和达标排放，而且应对施工阶段提出严格的环保要求，确保饮用水安全。

（1）施工期间施工场地要尽量远离水体，并划定明确的施工范围，不得随意扩大，施工临时道路要尽量利用已有人抬道路，不在水源地二级区内新建施工便道。施工临时用地尽量布置于水源保护区范围外，减少保护区内临时占地。

（2）施工时应先设置拦挡措施，后进行工程建设。开挖采用人工开挖或静音爆破的方式，减少施工噪声。架线时采用无人机放线等先进的施工放线工艺。

（3）施工中临时堆土点应远离跨越的水体。

（4）基础钻孔或挖孔的渣不能随意堆弃，应运到指定地点堆放。

（5）尽可能采用商品混凝土，如在施工现场拌和混凝土，应对砂、石料冲洗废水进行处置和循环使用，严禁排入河流影响受纳水体的水质。

（6）施工期间必需做好环境管理和监理，采取有效的污染防治措施做好饮用水源地的环境保护工作，禁止一切破坏水环境生态平衡的活动以及破坏水源林、护岸林、与水源保护相关植被的活动，禁止生活污水和施工废水进入水体，禁止向水域倾倒生活垃圾和建筑垃圾，确保不对水源地产生影响，施工结束后及时进行生态恢复。

（7）合理安排工期，抓紧时间完成施工内容，避免雨季施工。

（8）河流两岸的塔基尽量利用地形采用全方位高低腿设计，塔基周围及时修筑护坡、排水沟等工程措施，线路尽量采用一档跨越，不在水体中立塔，不对跨越河流构成影响。

（9）线路对水面的净空距离、塔基对水体的距离应满足设计规程要求；施工营地、牵张场地设置应尽量远离水体，避开保护区范围，禁止施工与生活废水排放进入水体，禁止施工垃圾、生活垃圾等固体废物弃入水体。

（10）控制大型施工机械的使用，物料堆放远离水源区；用油机具采取隔离垫护措施，防止油污泄漏污染环境，加强污染事故风险防范；禁止运油车辆进入饮用水源保护区开展加油作业。

（11）施工作业区应采取围挡措施，并对临时堆土采取苫盖措施，减少塌方、减小风蚀性水土流失。

（12）施工车辆进入保护区前应检查是否存在机油泄露风险，进入陆域时应对车身、轮胎表面进行清洗，运输颗粒粉状材料时应全程采取遮挡覆盖或封闭措施。

（13）架线阶段施工单位应结合跨越段保护区水面高度进行针对性的施工方案设计，保证足够的施工安全作业距离，防止导地线等展放过程中与水体产生接触。

（14）架线阶段加强施工人员的操作管理，防止金具安装过程中零件、包装等固体物坠入水体。

（15）施工期应提高水重复使用率，二级保护区、准保护区内施工时，施工废水经过沉淀处理后回用，不外排，施工人员生活污水由当地环卫部门清运，不外排。

（16）加强施工人员的水源保护意识教育，施工过程中禁止捕捞与下水游泳、破坏水生植被。

4.3.2 自然保护区

4.3.2.1 自然保护区的政策处理要求

《中华人民共和国自然保护区条例》（2017年10月7日修订）

第二十六条　禁止在自然保护区内进行砍伐、放牧、狩猎、捕捞、采药、开垦、烧荒、开矿、采石、挖沙等活动；但是，法律、行政法规另有规定的除外。

第三十二条　在自然保护区的核心区和缓冲区内，不得建设任何生产设施。在自然保护区的实验区内，不得建设污染环境、破坏资源或者景观的生产设施；建设其他项目，其污染物排放不得超过国家和地方规定的污染物排放标准。在自然保护区的实验区内已经建成的设施，其污染物排放超过国家和地方规定的排放标准的，应当限期治理；造成损害的，必须采取补救措施。在自然保护区的外围保护地带建设的项目，不得损害自然保护区内的环境质量；已造成损害的，应当限期治理。限期治理决定由法律、法规规定的机关作出，被限期治理的企业事业单位必须按期完成治理任务。

4.3.2.2 自然保护区对应的环境保护措施

严格落实专题评估报告及批复提出的生态保护和补偿措施，包括但不限于：严格限制施工扰动面积，减小林木砍伐量和植被占用面积；施工期不在保护区内设置弃土场、弃渣场、拌和场；临时施工营地远离保护区；减少施工道路修筑，尽量利用现有道路，严格限制道路长度、宽度和作业路线；占地范围避让植被茂密区域；加强施工环境管理，促进文明施工；合理安排施工时序，减少对保护区内野生动物的干扰；落实生态补偿措施；施工后及时进行植被恢复。

（1）禁止在保护区内设立施工营地，施工机械维修在保护区外进行，以减少对保护区的人为干扰；输电线路塔基及施工临时占地尽量选择保护区内裸地、耕地、荒地，尽量避免占用湿地、水面或湿地植被良好区域。

（2）加强施工人员生态教育，严格落实生态识别与管理，减小对植被的破坏。

（3）妥善处理与回用施工废水，避免污染水源，保障野生动物饮水安全。

（4）选取声源强度和声功率小的施工设备和工艺，降低作业噪声，禁止爆破施工，禁止施工机械的强光照射，以免影响动物活动。

（5）合理选择施工季节，限定施工时间，尤其禁止在动物饮水通道处施工。

（6）湿地类保护区施工期避开鸟类迁徙季节，严禁掏鸟蛋、破坏鸟巢的行为。

（7）禁止施工人员乱捕滥猎，野生动物误入施工区域时，施工人员不得恐吓、驱散，应采取喂食诱导等措施，将其引出施工区，并加强与保护区管理机构的交流，避免伤害野生动物。

（8）施工垃圾定点堆放，定期外运处理，不得在保护区内随意丢弃。

（9）加强施工人员教育，培养施工人员的生态保护意识，不得进入保护区的核心区和缓冲区，不得从事任何可能影响野生动物栖息环境的活动。

（10）对塔基处可能遇到的保护植物，应采取移植法进行保护、恢复。

4.3.3　风景名胜区

4.3.3.1　风景名胜区的政策处理要求

《中华人民共和国风景名胜区条例》（2016年2月6日修订）

第二十七条　禁止违反风景名胜区规划，在风景名胜区内设立各类开发区和在核心景区内建设宾馆、招待所、培训中心、疗养院以及与风景名胜资源保护无关的其他建筑物；已经建设的，应当按照风景名胜区规划，逐步迁出。

第二十八条　在风景名胜区内从事本条例第二十六条、第二十七条禁止范围以外的建设活动，应当经风景名胜区管理机构审核后，依照有关法律、法规的规定办理审批手续。

第三十条　风景名胜区内的建设项目应当符合风景名胜区规划，并与景观相协调，不得破坏景观、污染环境、妨碍游览。在风景名胜区内进行建设活动的，建设单位、施工单位应当制定污染防治和水土保持方案，并采取有效措施，保护好周围景物、水体、林草植被、野生动物资源和地形地貌。

4.3.3.2　风景名胜区对应的环境保护措施

（1）线路为“点－线”布置，在铁塔的外观设计、塔基架设位置等方面考虑，尽量达到美观与实用相结合，融入周围自然环境。

（2）塔基和临时占地要避开主要景点分布区，避免高压线影响自然景观，尽量少占用密集林区，对施工场地较近植被采取围挡措施。

（3）合理安排施工时间，减少对鸟类迁徙等活动的影响，尽量不使用高噪音施工设备，以减小对鸟类的干扰。

（4）严格控制施工废水，避免施工与生活废水排放进入水体，影响水生物栖息地质量。

（5）施工中禁止砍伐周边高大的人工林，以免影响众多鸟类的栖息地。

4.3.4　水产种质资源保护区

4.3.4.1　水产种质资源保护区的政策处理要求

《水产种质资源保护区管理暂行办法》（2016年5月修正）

第十六条　在水产种质资源保护区内从事修建水利工程、疏浚航道、建闸筑坝、勘探和开采矿产资源、港口建设等工程建设的，或者在水产种质资源保护区外从事可能损害保护区功能的工程建设活动的，应当按照国家有关规定编制建设项目对水产种质资源保护区的影响专题论证报告，并将其纳入环境影响评价报告书。

第十七条　省级以上人民政府渔业行政主管部门应当依法参与涉及水产种质资源保护区的建设项目环境影响评价，组织专家审查建设项目对水产种质资源保护区的影响专题论证报告，并根据审查结论向建设单位和环境影响评价主管部门出具意见。

建设单位应当将渔业行政主管部门的意见纳入环境影响评价报告书，并根据渔业行政主管部门意见采取有关保护措施。

4.3.4.2　水产种质资源保护区对应的环境保护措施

（1）对于穿（跨）越的水产种质资源保护区按管理部门要求开展必要的生态影响评估工作，严格落实水产种质资源保护区管理要求。

（2）合理布置塔位及施工场地，在水产种质资源保护区范围内不设置或少设置牵引场和张力场，减少施工运输道路工程量措施，加强施工人员管理等措施，减少对水产种质资源保护区的影响。

4.3.5　森林公园

4.3.5.1　森林公园的政策处理要求

《森林公园管理办法》（2016年9月22日修改）

第十条　森林公园的设施和景点建设，必须按照总体规划设计进行。在珍贵景物、重要景点和核心景区，除必要的保护和附属设施外，不得建设宾馆、招待所、疗养院和其他工程设施。

第十一条　禁止在森林公园毁林开垦和毁林采石、采砂、采土以及其他毁林行为。采伐森林公园的林木，必须遵守有关林业法规、经营方案和技术规程的规定。

第十二条　占用、征收、征用或者转让森林公园经营范围内的林地，必须征得森林公园经营管理机构同意，并按《中华人民共和国森林法》及其实施细则等有关规定，办理占用、征收、征用或者转让手续，按法定审批权限报人民政府批准，交纳有关费用。依前款规定占用、征收、征用或者转让国有林地的，必须经省级林业主管部门审核同意。

4.3.5.2　森林公园对应的环境保护措施

（1）严格落实专题评估报告及批复提出的生态保护和补偿措施，包括但不限于：严格限制施工扰动面积，减小林木砍伐量和植被占用面积；施工期不在森林公园内设置弃土场、弃渣场、拌和场；减少施工道路修筑，尽量利用现有道路，严格限制道路长度、宽度和作业路线；占地范围避让植被茂密区域；加强施工环境管理，促进文明施工；合理安排施工时序，减少对森林公园内野生动物的干扰；落实生态补偿措施；施工后及时进行植被恢复。

（2）线路避让核心景区，建设过程中严格控制施工范围，加强管理；依法取得森林公园内占用、征用或者转让森林公园经营范围内的林地手续。

4.3.6　湿地公园

4.3.6.1　湿地公园的政策处理要求

《国家湿地公园管理办法》

第十一条　国家湿地公园应划定保育区。根据自然条件和管理需要，可划分恢复重建区、合理利用区，实行分区管理。

保育区除开展保护、监测、科学研究等必需的保护管理活动外，不得进行任何与湿地生态系统保护和管理无关的其他活动。恢复重建区应当开展培育和恢复湿地的相关活动。合理利用区应当开展以生态展示、科普教育为主的宣教活动，可开展不损害湿地生态系统功能的生态体验及管理服务等活动。

第十八条　禁止擅自征收、占用国家湿地公园的土地。确需征收、占用的，用地单位应当征求省级林业和草原主管部门的意见后，方可依法办理相关手续。由省级林业和草原主管部门报国家林业和草原局备案。

第十九条　除国家另有规定外，国家湿地公园内禁止下列行为：

（一）开（围）垦、填埋或者排干湿地。

（二）截断湿地水源。

（三）挖沙、采矿。

（四）倾倒有毒有害物质、废弃物、垃圾。

（五）从事房地产、度假村、高尔夫球场、风力发电、光伏发电等任何不符合主体功能定位的建设项目和开发活动。

（六）破坏野生动物栖息地和迁徙通道、鱼类洄游通道，滥采滥捕野生动植物。

（七）引入外来物种。

（八）擅自放牧、捕捞、取土、取水、排污、放生。

（九）其他破坏湿地及其生态功能的活动。

4.3.6.2　沿线湿地公园对应的环境保护措施

（1）在施工场地上设置专人负责弃土、建筑垃圾、建筑材料的处置、清运和堆放，堆放场地加盖篷布或洒水，防止二次扬尘。

（2）对建筑垃圾及弃土应及时处理、清运，以减少占地，防止扬尘污染，改善施工场地的环境；加强管理，切实落实各项措施，使施工场地扬尘对环境的影响大大降低。

（3）生产生活废水采用污水处理站进行处理后方可排放。施工期施工人员的生活污水及设备车辆的冲洗水等，禁止乱排、漫流。

（4）加强对施工场地的噪声管理，对施工噪声进行控制，文明施工，避免因施工噪声产生纠纷。

4.4 机械化施工环水保措施

国网宁夏电力有限公司于2021年度下发了《国网宁夏电力有限公司关于印发进一步推进输电线路机械化施工实施方案的通知》（宁电建设 [2021]42号）。近年来国网宁夏电力有限公司持续推进机械化施工，以“机械减人、机械代人、压降风险”为原则，在线路工程规划、设计、施工各环节落实机械化施工要求，降低施工安全风险，提升工程建设质量、效率效益和专业化水平。

机械化施工需要考虑临时道路修建、物料运输、基础开挖等方面的内容，采用机械化施工不可避免会受到环水保的制约。因此，本文对环水保相关的政策要求进行了梳理，提出了针对性的机械化施工环水保原则和适用机械化施工的环水保技术要求，并提出基于政策要求的机械化施工环水保方案。

4.4.1 机械化施工对环水保的影响

与现有的施工方式相比，基础机械化施工对环水保有以下影响。

（1）环保方面

施工道路及作业面加大会破坏更多植被，各种机械的使用对周边大气和声环境有一定影响。

（2）水保方面

机械化施工所需进场道路及塔位作业面增大，增加了临时占地面积及土石方开挖量，进而增加余土量及处理措施；临时占地和开挖裸露面加大，需增加植被恢复、复耕等水土保持措施投资和水保补偿费用。

4.4.2　机械化施工环水保政策要求

4.4.2.1　宁夏机械化施工环水保政策要求

《宁夏回族自治区大气污染防治条例》（2017年9月28日）第二十一条“第二十一条从事房屋建筑、市政基础设施建设、水利工程、道路建设、建（构）筑物拆除等施工单位，应当向负责监督管理扬尘污染防治的主管部门备案。”

前款规定的施工单位应当遵守下列规定：

（一）开工前，在施工现场周边设置硬质密闭围挡并进行维护；尚未开工的建设用地，对裸露地面进行覆盖；施工期超过三个月的，应当采取绿化、铺装或者遮盖等防尘措施；

（二）在施工现场出入口公示施工现场负责人、环保监督员、扬尘污染防治措施、举报电话、扬尘监督管理主管部门等信息；

（三）在施工现场出口处设置车辆冲洗设施并配套设置排水、泥浆沉淀设施，施工车辆不得带泥上路行驶，施工现场道路以及出口周边的道路不得存留建筑垃圾和泥土；

（四）施工现场出入口、施工区内道路、加工区等区域采取硬化、洒水、铺装防尘网等处理措施；

（五）在施工工地内堆放水泥、灰土、砂石等易产生扬尘污染的物料，以及工地堆存的建筑垃圾、工程渣土、建筑土方应当采取遮盖、密闭或者其他抑尘措施；

（六）出现重污染天气状况或者五级以上大风时，施工单位应当停止土石方作业、拆除工程以及其他可能产生扬尘污染的施工建设活动。

在城市建成区的土石方施工场地，生态环境主管部门根据大气污染防治的需要，安装在线监测和视频监控设施。

4.4.2.2 械化施工环水保其他要求

通过调研沿线各省对机械化施工的环水保政策要求，发现相关政策要求主要针对扬尘及机械化施工道路的修筑，要求总结如下：

（1）生产建设施工过程，注意开挖土方及堆放材料的铺垫、拦挡、苫盖、洒水临时防护措施，防止水土流失。

（2）一级水源保护区不能修筑机械化施工道路。

（3）其他区域无特别要求，林区内修筑机械化施工道路时，涉及林木砍伐需办理相关手续并按相应标准赔偿。

4.4.3 机械化施工环水保原则

基于针对机械化施工的环水保政策，提出了几点统筹性的环水保原则，包括：

（1）需满足国家法律法规及地方政策的要求，满足《生产建设项目水土流失防治标准》GB/T50434—2018、《生产建设项目水土保持技术标准》GB/T50433—2018 等技术标准的要求。

（2）环境影响评价工作和水土保持方案编制工作中应包含施工临时道路的相关内容。

（3）各参建单位把重心从事后的治理转移至事前的控制方面，加强事前策划，尤其是道路、塔基施工前的施工组织设计方案应经过施工监理和业主项目部的审查。

（4）加强珍稀植物调查（如珙桐、水杉、银杉等），机械化施工道路应尽量减少对珍稀植物的破坏，做好林木砍伐施工方案，及时办理相关手续。

（5）对施工道路和塔基施工平台结合机械的型号和工作半径开展深度设计，确保施工现场满足机械化设备的正常运转。

（6）根据地质灾害防治条例，因工程建设等人为活动引发的地质灾害的治理费用，按照谁引发、谁治理的原则，由责任单位承担。

4.4.4　适用机械化施工的环水保技术要求

（1）根据机械化施工临时道路的路径方案，沿线选择地势较平坦的位置设置渣土临时堆放点，修筑前会同属地协调参建单位、政府及村民现场确认余土处置方式，优先采用签订综合利用协议方式处理。

（2）临时道路修建应先拦后弃，推荐采用麻袋、植生袋等拦挡措施。

（3）临时道路施工区进行限界围栏，禁止跨越限界施工。对施工区域实施表土剥离，剥离的表土装植生袋，作为拦挡措施呈“品”字型垒放在道路边缘1 m 以内；完成表土剥离后，开挖临时道路产生的土方运至指定渣土场或综合利用，严禁存放在道路边缘，杜绝溜坡。

（4）道路路面应保持大于5度的斜坡，坡度呈现外高内低；排水等辅助设施应与临时道路同步施工，应在道路上边坡侧设置临时排水沟，顺接至自然沟道，不得随意往下边坡排水或堵塞水路，排水设施应及时维修、清理，使水流畅通不产生冲刷和淤塞，结合实际地形合理调整排水系统的平面位置及纵坡。

（5）道路施工时，应采用挖掘机和工程车配合挖运，严禁顺坡溜渣。下边坡较陡时，在剥离表土后将外侧原地面挖成台阶，台阶宽度不小于1.0 m，向内倾斜3%的坡面。

（6）黄土地区的排水沟应采取彩条布、塑料布等保护措施，避免排水沟在雨水作用下遭到破坏。

（7）道路使用完毕，先完成土地整治，再覆拦挡植生袋内的熟土，选择原地貌植被品种进行恢复。

（8）对于水源保护地，应尽量采用干作业模式且施工周期较短的基础型式，避免基础施工产生大量废水污染水源，同时缩短施工人员驻场时间减少生活污水的产生；施工进场道路也应尽量远离水体，采用通行宽度小的施工机械，尽量避免道路扩宽或新建。

4.4.5 基于政策要求的机械化施工环水保方案

输电线路工程全面推广机械化施工的重点和难点在于基础成孔设备的选择，表4-4-1比较了几种主要的基础成孔设备对机械进场道路的要求。

表 4-4-1 基础成孔设备对机械进场道路需求

基础类别	设备	进场道路最小宽度（m）	进场道路最小转弯半径（m）	进场道路最大坡度（°）
挖孔基础	电建系列钻机	2.2~3.5	9~13.15	25~30
	其他旋挖钻机	2.8~3.5	/	30
	可拆分小型挖孔机	1.1	1.2	/
岩石锚杆基础	QWY-30 型轻便钻机	整机重量 255 kg，可拆卸为 5 件，拆卸后最大单件重量小于 60 kg。		
	MGS-30 锚杆钻机	整机分为主机和液压站两个部件，主机不超过 350 kg，液压站 120 kg。钻机拆卸方便，最大分解重量不超过 100 kg。		
岩石锚杆基础	MDS-90 锚杆钻机	分体式模块化钻机和多功能动力平台。单元模块自卸车装运；单体最大重量小于 200 kg，索道、人畜搬运上山；钻机主体单元可在工地现场自行走移位；配套功能模块可人力搬动移位。		
微型桩基础	东锐 WZFT300A 山地微型桩钻机	2	4.6	25
灌注桩基础	灌注桩基础旋挖钻机	2.5~3.6	/	35
PHC 管桩基础	PHC 管桩基础锤击式打桩机	2.5~3.2	/	/

续表

基础类别	设备	进场道路最小宽度（m）	进场道路最小转弯半径（m）	进场道路最大坡度（°）
开挖回填基础	挖掘机	2.99~3.58	/	30~35

从表4-4-1可以看出，对于灌注桩基础、PHC 管桩基础和开挖回填基础而言，基础成孔设备所需的机械进场道路宽度都在2.5 m 以上，挖孔基础虽可选择可拆分小型挖孔机，但这种挖孔机最大成孔直径只有1.4 m，在特高压工程上使用十分局限，而电建系列钻机和其他旋挖钻机所需的机械进场道路宽度超过2.2 m。与此同时，上述基础成孔设备的爬坡能力普遍在25° ~35° ，意味着当塔位附近地形较差，进场坡度超过35° 时，需要修筑更长的进场道路，施工费用增加的同时也造成了更大的扰动范围，增大了环水保方面的压力。此外，若工程穿（跨）越水源保护区，根据政策要求在保护区内不能修筑机械化施工道路，那么上述设备的使用无疑都受到限制。

岩石锚杆基础所使用的轻便钻机和锚杆钻机均可拆卸，拆分后最大重量小于200 kg，在地形较差的山区可通过索道、人畜搬运至塔位，无需机械进场道路，也可以在保护区内使用。山地微型桩钻机虽然也可拆卸，但单个模块重量较大，组装需专业人员配合起重机械完成，对起重机械无法到达的塔位并不适用。

因此，从推广机械化施工的同时严格控制扰动范围、减少机械进场道路修筑以满足环水保要求的角度出发，建议充分利用现有道路。

在推广采用机械化施工的大背景下，制定了山区不同建设环境下的环水保实施方案，见表4-4-2。

表 4-4-2　山区不同建设环境环水保实施方案

序号	建设环境	地形	临时道路修筑	政策要求	山区机械化施工建议
1	风景名胜区、自然保护区、一级水源保护区、山区生态红线区、禁止林木砍伐和临时道路修建的其他区	较好	禁止新建临时道路	禁止进行开山、采石等破坏景观、植被和地形地貌的活动	运输方式：索道运输为主。基础选型：优先选择岩石锚杆、微型桩。基础机械设备：采用小型机械或模块化机械。水保要求：严格控制扰动范围，满足环水保要求
		较差	禁止新建临时道路		不推荐采用机械化施工
2	地质灾害易发区、水土流失重点预防区和重点治理区	较好	不宜新建临时道路	禁止在崩塌、滑坡危险区和泥石流易发区从事取土、挖砂、采石等可能造成水土流失的活动；水土流失严重、生态脆弱的地区，应当限制或者禁止可能造成水土流失的生产建设活动	运输方式：索道运输为主。基础选型：优先选择岩石锚杆、微型桩。基础机械设备：采用小型机械或模块化机械。水保要求：严格控制扰动范围，满足环水保要求
		较差	禁止新建临时道路		不推荐采用机械化施工

续表

序号	建设环境	地形	临时道路修筑	政策要求	山区机械化施工建议
3	常规山区，塔位距离已有道路 1 km 以上	较好	不宜新建临时道路	先审批后实施	运输方式：索道运输为主。基础选型：优先选择岩石锚杆、微型桩。基础机械设备：采用小型机械或模块化机械。水保要求：严格控制扰动范围，满足环水保要求
		较差	禁止新建临时道路	先审批后实施	不推荐采用机械化施工
4	常规山区，塔位距离已有道路 1 km 以内	较好	可以新建临时道路	先审批后实施	运输方式：轻型卡车、履带式运输车为主。基础选型：采用便于机械化的基础型式，如等直径挖孔基础、岩石锚杆、微型桩。基础等机械设备：根据基础型式选择对应的机械设备。水保要求：严格控制扰动范围，满足环水保要求
		较差	不宜新建临时道路	先审批后实施	运输方式：索道运输为主。基础选型：优先选择岩石锚杆、微型桩。基础机械设备：采用小型机械或模块化机械。水保要求：严格控制扰动范围，满足环水保要求

第 5 章　环境保护措施典型设计

5.1　环境保护宣传教育

5.1.1　环境监理人员、施工队环境保护培训

生态敏感区段按环评报告、生态敏感区批复意见要求开展相应的培训（图5-1-1）。

图5-1-1　环境监理人员、施工队环境保护培训图

环境监理人员、施工队环境保护培训要求：

（1）工程宣传内容中应包括环境保护的内容；加大本工程环境保护措施

的宣传力度，取得线路沿线公众对本工程的理解和支持，保护周边生态环境。

（2）以培训班、宣传册、宣传单、环境保护标语牌或宣传栏等形式对各相关单位工作人员进行环境保护法律法规、标准、规范等知识的宣传，并进行环境保护专项措施的培训。

（3）让参与建设人员特别注意认识各种保护动物和保护植物，使所有参与施工人员认识到保护项目区天然植被和野生动物的重要性，初步认识和辨别项目区内分布的重点保护植物种类及项目区内的野生动物，强化施工人员的保护意识，并落实到自身的实际行动中。

5.1.2　环境保护宣传栏

要求在线路附近醒目及显要位置竖立环境保护宣传栏及环境保护大幅标语，宣传国家环境保护法律法规及南网公司相关环境保护理念。

环境保护宣传栏相关设置应遵循南网公司相关规定。在线路周边均应设置（图5-1-2）。

图5-1-2　环境保护宣传栏实例

5.1.3 环境保护宣传册

实施要求：主要是对环境保护知识、环境保护策划方案等环境保护相关知识印制成册（图5-1-3），对全体建设人员进行宣传教育。

发放人员：线路参建单位和人员。

图5-1-3 环境保护宣传册

5.2 工程设计优化

主要是从水环境、大气环境、声环境和固体废物处置4个方面对线路工程在前期设计方案的基础上，根据环评报告和批复的要求进行设计方案、设备、位置、施工工艺等方面的优化设计。

5.3 施工组织规划

组织各施工单位对各自负责标段进行施工组织方案编制，在评审的过程中应从环境保护的角度出发，注意如下原则：

（1）施工营地尽量利用已有场地。

（2）工地运输尽量利用原有施工道路，减轻由于新修运输道路对自然环境的破坏。

（3）各项临时用地尽量选用无植被地段和稀疏植被地段，尽量远离各种特殊景观、特殊敏感区、宗教活动场地、湿地、动物栖息地及重要通道等地段。线路尽量避开附近的自然保护区，施工时要特别注意施工营地的建设和运输车辆的路径必须严格按照施工规划进行；施工人员要在固定范围内活动，固定行进线路，尽量避免林木砍伐，确实不能避开的树木应考虑移栽或在当地相关部门书面许可后再砍伐。

（4）如需设置取弃土场，应选在无植被和植被稀少的地带，严格按批复的位置、规模进行施工，严禁侵占河道、湿地、自然保护区等环境敏感地带；不在公路和铁路间设置取弃土场，取土场的距离要远离公路 200m 以外，遵循集中取土的原则，最大限度的减少取土场数量。

（5）各种施工临时占地、塔基永久占地以及施工活动不得影响当地居民的宗教活动，现场人员应充分尊重当地居民民族宗教习惯。

5.4　植被保护

经过集中林区采取高跨方式通过。

5.4.1　围栏（图5-4-1）

根据环评报告和批复中对围栏的要求和相关施工规范进行施工。一般情况下，线路塔基区、施工营地、施工道路、牵张场和跨越场地均应设置围栏。

图5-4-1 围栏

5.4.2 棕垫隔离保护（图5-4-2）

根据环评报告和批复中对棕垫隔离保护的要求和相关施工规范进行施工。

图5-4-2 棕垫隔离保护

5.4.3　彩条布隔离保护（图5-4-3）

根据环评报告和批复中对彩条布隔离保护的要求进行布设并按相关施工技术规范进行施工。在进行彩条布隔离保护施工时，应注意检查彩条布是否有洞和对所隔离物质是否全部进行隔离，是否有遗漏。

图5-4-3　彩条布隔离保护

5.5　动物保护

截至2021年底，宁夏有脊椎动物5纲30目87科471种。其中，国家Ⅰ级重点保护动物23种，Ⅱ级重点保护动物84种。

（1）尽量减少对野生动物的干扰，严禁施工人员捕食、猎杀野生动物的行为。

（2）野生动物误入施工区域时，施工人员不得恐吓、驱散，应采取喂食诱导等措施，将其引出施工区，并加强与保护区管理机构的交流，避免伤害野生动物。

（3）开展野生动物保护法的相关宣传、教育，发放宣传手册，各标段在项目施工区内，特别是林地区域内设置警示牌，提醒大家保护野生动物及栖息地生态环境。

（4）在跨河架线施工过程中，由于水域及附近两栖爬行类动物活动较频繁，不能随意将废弃物排放至水体中，并禁止将施工废水直接排入水体。

（5）施工材料的堆放要远离水源，尤其是粉状材料与有害材料，运输材料时要进行遮挡，避免被雨水或风吹至水体中，特别是跨河流架线施工过程中，不能随意将废弃物排放至水体中，并禁止将施工废水直接排入水体，对动物的生境造成污染。

（6）做好施工方式和时间计划，尽量避免高噪声施工作业对鸟类的惊扰。

（7）施工期间控制光源使用量，对光源进行遮蔽，减少对外界的漏光量。

（8）尽量减少对野生动物的干扰。

5.5.1　基坑盖板（图5-5-1）

根据环评报告和批复中对动物保护基坑盖板的要求进行布设并按相关施工技术规范进行施工。动物保护基坑盖板的实施应在野生动物保护部门的指导下进行，在每天施工撤离前应对所有的施工基坑进行检查，是否全部覆盖了基坑盖板。

图5-5-1　基坑盖板

5.5.2　野生保护动物救护

根据环评报告和批复中对野生保护动物救护的相关要求进行救护并在野生动物保护部门的指导下进行，在移交或转移期间，应设置独立场所进行养护应避免过多接触。

5.6　生态敏感区保护

（1）应加快在自然保护区和风景名胜区等环境敏感区域内区段附近的施工速度，尽量减少施工期对此类区域边缘地带野生动物的干扰。特别是在重点区域附近施工时，更应当最大努力地缩短施工时间，尽量降低施工人员和车辆的干扰因素。

（2）施工队伍在施工前，应组织施工人员学习国家和地方有关自然保护区的法律法规及条例，在施工人员中开展有关环境保护法律、法规及环境保护知识的普及宣传教育，并介绍相关保护区的情况；施工期间，严格管理措施，禁止施工人员和车辆进入保护区，更不得进行盗猎野生动物和采损环境敏感区域内野生植物的活动。

（3）在临近环境敏感区域边界进行施工时，应沿环境敏感区的边界设立醒目的提示标志，以降低施工人员和施工车辆意外闯入相关环境敏感区的可能性。在环境敏感区边界附近施工，牵张场地安排在环境敏感区外。

（4）线路应避让沿线居民敏感点、宗教活动场所等特殊区域，如实在无法避让，应在征得相关人员同意后再建设。

5.7 水环境保护

输电线路工程施工过程中产生的废水较少，根据环评报告和批复中的相关要求，线路在施工过程中设置废水沉淀池处理废水。废水沉淀池设置的位置、个数及容积应根据施工地点的变化进行调整，以满足现场施工废水处理的需要（图5-7-1）。

图5-7-1 废水沉淀池

《饮用水水源保护区污染防治管理规定》(2010年12月22日修正)第十一条 饮用水地表水源各级保护区及准保护区内均必须遵守下列规定：

一、禁止一切破坏水环境生态平衡的活动以及破坏水源林、护岸林、与水源保护相关植被的活动。

二、禁止向水域倾倒工业废渣、城市垃圾、粪便及其它废弃物。

三、运输有毒有害物质、油类、粪便的船舶和车辆一般不准进入保护区，必须进入者应事先申请并经有关部门批准、登记并设置防渗、防溢、防漏设施。

5.8　大气环境保护

5.8.1　洒水降尘(图5-8-1)

根据环评报告和批复中的相关要求，线路各个起尘施工点应进行洒水降尘。洒水降尘应根据当时施工点起尘情况进行调整，以满足现场施工作业的需要。

图5-8-1　洒水降尘

5.8.2 遮盖（图5-8-2）

根据环评报告和批复中的相关要求，线路相关起尘物质堆放点应进行遮盖。遮盖应根据当时起尘物质进行全覆盖，不留死角。

图5-8-2 遮盖

5.9 土壤环境保护

根据环评报告和批复中的相关要求，在线路进行机械设备维修和维护的作业点，对涉油的相关机械设备均应在其下方铺设吸油毡，以保护垫面下土壤环境。

5.10 声环境保护

施工期噪声应满足《建筑施工场界环境噪声排放标准》（GB 12523—2011）的要求。合理安排工期，文明施工。除工程必须施工，严禁在22：00~6：00期间施工。若因工艺或特殊需要必须连续施工，施工单位应在开工15日前出具县级以上人民政府或者其有关主管部门的证明，并公告附近居民。

施工布置时应让噪声影响大的设备远离声环境保护目标，不能出现施工噪声扰民情况。

5.11　固体废物处理

5.11.1　垃圾运输处理

根据环评报告和批复要求，线路施工过程中应安排车辆对固体废物进行集中收集。基础拆除时，普通地段铁塔基础应拆除至地表以下1.0 m，需机械化耕作的耕地铁塔基础应拆除至地表以下1.5 m。并运输至市政部门规定的建筑垃圾堆放场和环卫部门规定的生活垃圾填埋场进行集中处理。

5.11.2　垃圾箱

根据环评报告和批复要求，线路施工过程中应设置垃圾箱对固体废物进行集中收集，并应进行垃圾分类收集与处理。垃圾箱的个数应根据现场实际情况设定。

第 6 章　水土保持措施典型方案及标准工艺

6.1　水土保持措施典型方案

根据不同地形地貌的水土保持措施特点，可将宁夏地区典型地形地貌划分为5类，分别为平原区、河网区、山丘区（余土就地处理或余土外运）、戈壁区、荒漠区，根据不同水土流失防治分区绘制其水土保持措施典型方案。

6.1.1　平原区水土保持措施典型方案

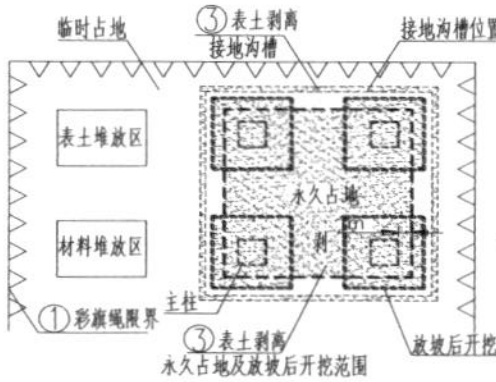

水保设计平面图（大开挖基础）

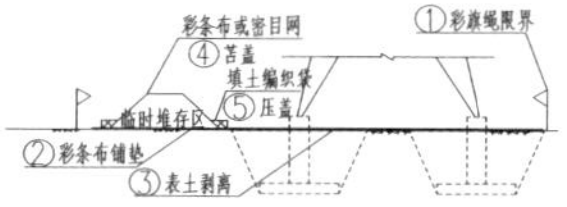

水保设计剖面图（大开挖基础）

A—A

场地准备阶段：限界、铺垫、表土剥离、苫盖、压盖。

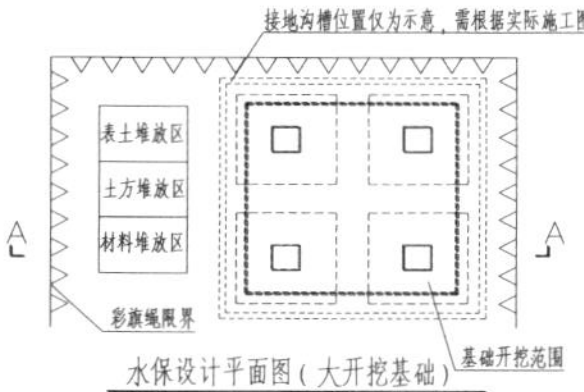

水保设计平面图（大开挖基础）

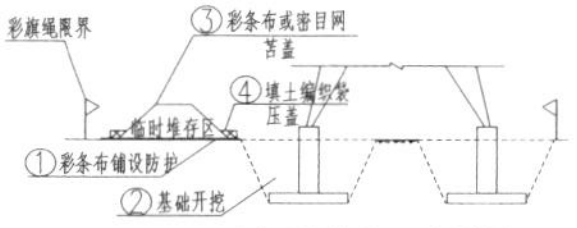

水保设计剖面图（大开挖基础）

A—A

施工阶段：铺垫、基础开挖、开挖土方临时堆存、苫盖、压盖。

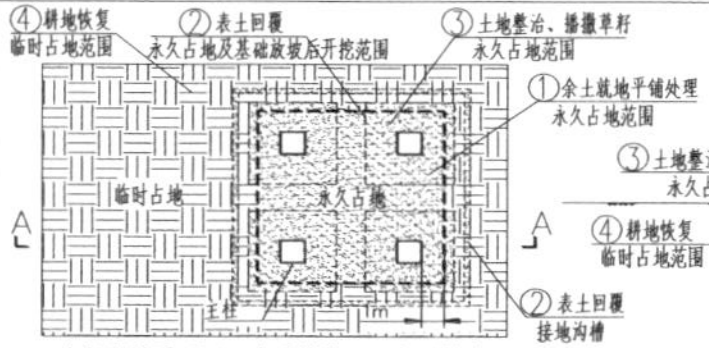

水保设计平面图（大开挖基础、占用耕地）

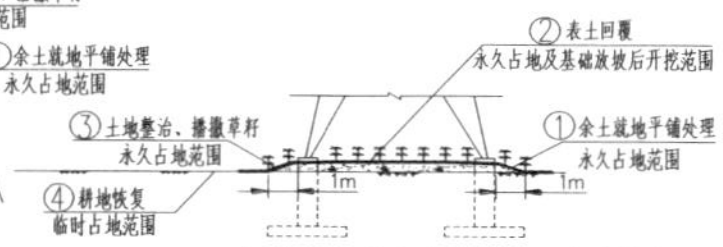

水保设计剖面图（大开挖基础、占用耕地）

A—A

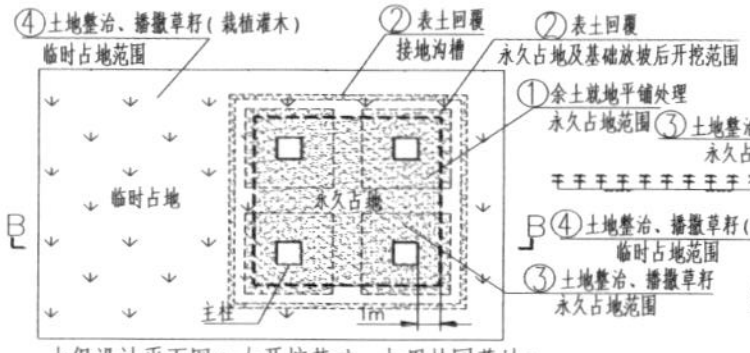

水保设计平面图（大开挖基础、占用林园草地）

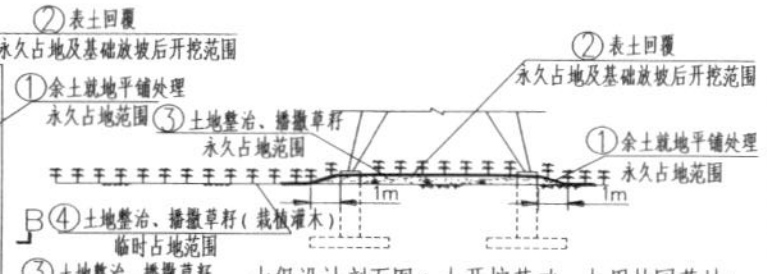

水保设计剖面图（大开挖基础、占用林园草地）

B—B

场地恢复阶段：余土处理、表土回覆、土地整治（或耕地恢复）、播撒草籽（栽植灌木）。

场地准备阶段：限界－铺垫－表土剥离－苫盖－压盖

1、施工前设置彩旗绳围护，限界范围由施工所需场地确定，不宜超过临时占地及永久占地面积之和，且应设置三面，严格限制施工机械和人员活动范围。

2、余土就地平摊塔位对塔基永久占地范围、放坡后开挖范围及接地槽占地范围内表土进行剥离，并集中堆放。

3、线路塔基区需在材料堆放区、剥离表土堆放区底部铺设彩条布铺垫。

4、材料堆放区、剥离表土堆放区顶部及四周苫盖，周围用填土编织袋压实，苫盖可选用彩条布或密目网。

5、材料堆放区、剥离表土堆放区应根据地形和施工实际需求调整设置。

基础施工阶段：　铺垫－基础开挖－开挖土方临时堆存－苫盖－压盖

1、基础施工时，开挖土方堆放区底部铺设彩条布铺垫。

2、开挖土方堆放区顶部及四周苫盖，周围用填土编织袋压实，苫盖可选用彩条布或密目网。

场地恢复阶段：　余土就地平摊－表土回覆－土地整治（或耕地恢复）－播撒草籽（栽植灌木）

1、基坑回填夯实后，应先将余土平摊至塔基范围内，土地整平结束后，再将临时堆放的表土回覆至余土表面。

2、施工结束后，结合原始地貌采取耕地恢复、土地整治等措施。

3、当塔基位于林地、草地、园地时，对永久占地和临时占地区域撒播草籽；当塔基位于耕地时，对永久占地区域撒播草籽，临时占地区进行耕地恢复；当塔基位于林地时，塔基区临时占地范围内除撒播草籽外还需栽植灌木，栽植面积按原场地灌木覆盖情况考虑。

4、植被恢复时草籽优先选取1～2种乡土草种等比例混播，草种质量、撒播密度等满足相关要求。

平原区塔基区水保方案、大开挖基础

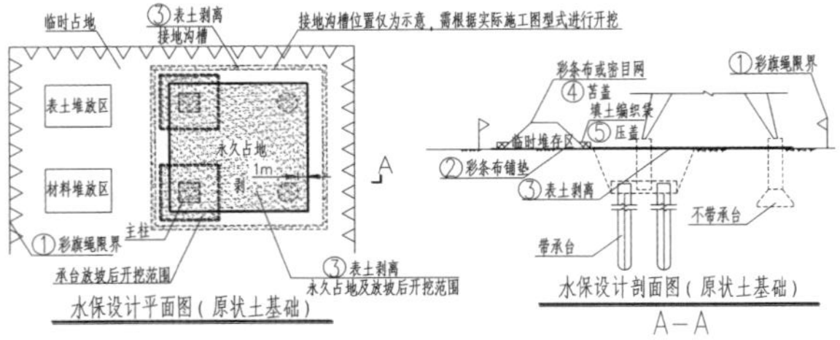

场地准备阶段：限界、铺垫、表土剥离、苫盖、压盖。

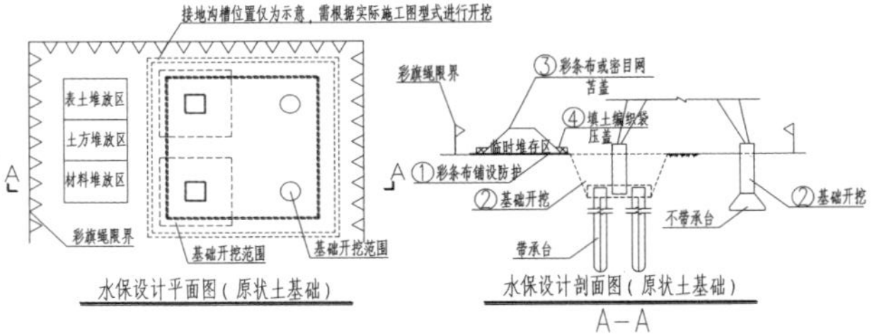

施工阶段：铺垫、基础开挖、开挖土方临时堆存、苫盖、压盖。

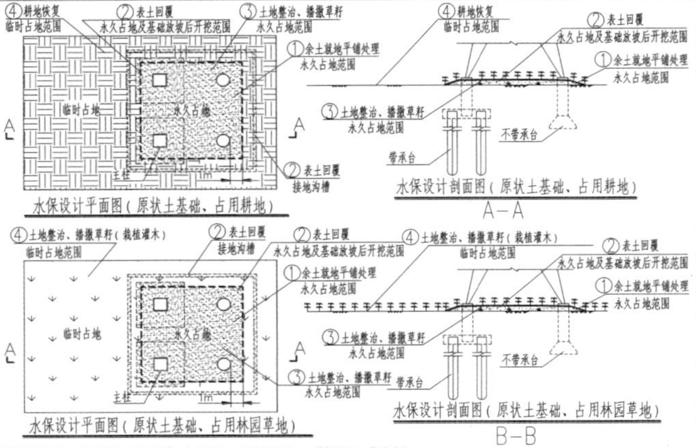

场地恢复阶段：余土处理、表土回覆、土地整治（或耕地恢复）、播撒草籽（栽植灌木）。

场地准备阶段：限界→铺垫→表土剥离→苫盖→压盖

1、施工前设置彩旗绳围护，限界范围由施工所需场地确定，不宜超过临时占地及永久占地面积之和，且应设置三面，严格限制施工机械和人员活动范围。

2、余土就地平摊塔位对塔基永久占地范围、放坡后开挖范围及接地槽占地范围内表土进行剥离，并集中堆放。

3、线路塔基区需在材料堆放区、土方堆放区底部铺设彩条布铺垫。

4、材料堆放区、土方堆放区顶部及四周苫盖，周围用填土编织袋压实，苫盖可选用彩条布或密目网。

5、材料堆放区、土方堆放区应根据地形和施工实际需求调整设置。

基础施工阶段：铺垫→基础开挖→开挖土方临时堆存→苫盖→压盖

1、基础施工时，开挖土方堆放区底部铺设彩条布

2、开挖土方堆放区顶部及四周苫盖，周围用填土编织袋压实，苫盖可选用彩条布或密目网。

场地恢复阶段：余土就地平摊→表土回覆→土地整治（或耕地回覆）→播撒草籽（栽植灌木）

1、基坑回填夯实后，应先将余土平摊至塔基范围内，土地整平结束后，再将临时堆放的表土回覆至余土表面。

2、施工结束后，结合原始地貌采取耕地恢复、土地整治等措施。

3、当塔基位于林地、草地、园地时，对永久占地和临时占地区域撒播草籽；当塔基位于耕地时，对永久占地区域撒播草籽，临时占地区进行耕地恢复；当塔基位于林地时，塔基区临时占地范围内除撒播草籽外还需栽植灌木，栽植面积按原场地灌木覆盖情况考虑。

4、植被恢复时草籽优先选取1～2种乡土草种等比例混播，草种质量、撒播密度等满足相关要求。

平原区塔基区水保方案、原状土基础

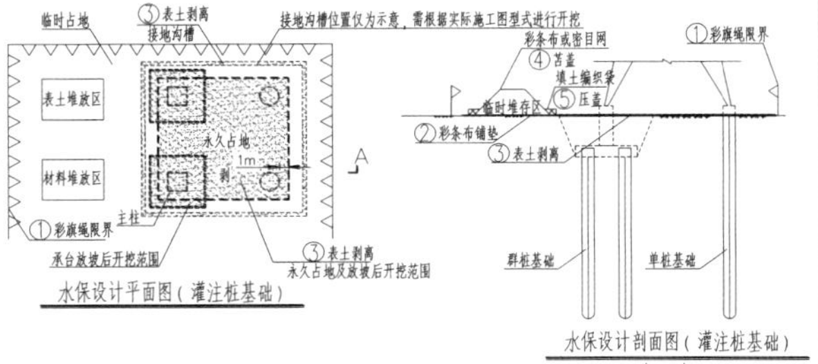

水保设计平面图（灌注桩基础）

水保设计剖面图（灌注桩基础）

A—A

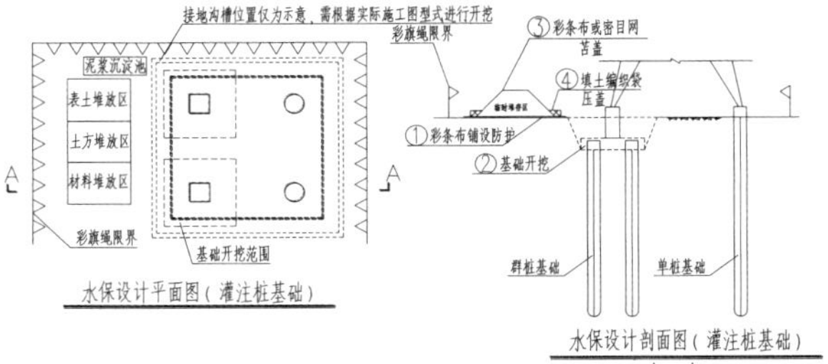

水保设计平面图（灌注桩基础）

水保设计剖面图（灌注桩基础）

A—A

场地准备阶段：限界、铺垫、表土剥离、苫盖、压盖。

施工阶段：铺垫、基础开挖、开挖土方临时堆存、苫盖、压盖。

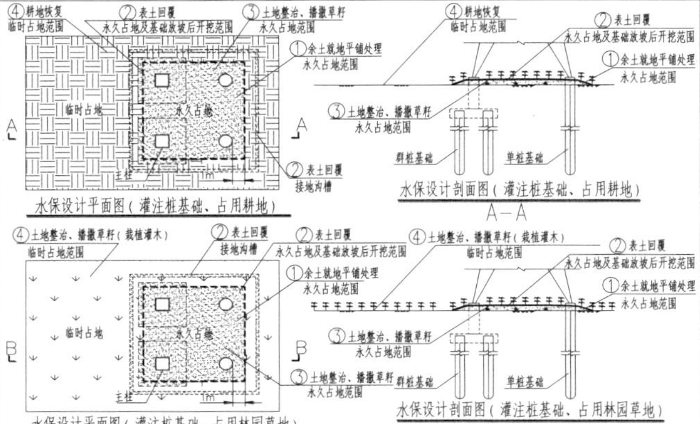

水保设计平面图（灌注桩基础、占用耕地）

水保设计剖面图（灌注桩基础、占用耕地）

A—A

水保设计平面图（灌注桩基础、占用林园草地）

水保设计剖面图（灌注桩基础、占用林园草地）

B—B

场地恢复阶段：余土处理、表土回覆、土地整治（或耕地恢复）、播撒草籽（栽植灌木）。

场地准备阶段：限界→铺垫→表土剥离→苫盖→压盖

1、施工前设置彩旗绳围护，限界范围由施工所需场地确定，不宜超过临时占地及永久占地面积之和，且应设置三面，严格限制施工机械和人员活动范围。

2、对塔基永久占地范围、放坡后开挖范围及接地槽占地范围内表土进行剥离，并集中堆放。

3、线路塔基区需在材料堆放区、剥离表土堆放区底部铺设彩条布铺垫。

4、材料堆放区、剥离表土堆放区顶部及四周苫盖，周围用填土编织袋压实，苫盖可选用彩条布或密目网。

5、材料堆放区、剥离表土堆放区应根据地形和施工实际需求调整设置。

基础施工阶段：　铺垫→基础开挖→开挖土方临时堆存→苫盖→压盖

1、基础施工时，开挖土方堆放区底部铺设彩条布铺垫。

2、开挖土方堆放区顶部及四周苫盖，周围用填土编织袋压实，苫盖可选用彩条布或密目网。

3、在灌注桩外侧设置泥浆池存放钻孔施工需要的泥浆；泥浆池外侧还需设置沉淀池对钻渣浆进行沉淀和固化处理。泥浆池及沉淀池挖方土临时堆置于池的四周，堆土内侧、外侧坡脚采用编织袋装土围护。

场地恢复阶段：余土就地平摊→表土回覆→土地整治（或耕地回覆）→播撒草籽（栽植灌木）

1、基坑回填夯实后，应先将余土平摊至塔基范围内，土地整平结束后，再将临时堆放的表土回覆至余土表面。

2、施工结束后，结合原始地貌采取耕地恢复、土地整治等措施。

3、当塔基位于林地、草地、园地时，对永久占地和临时占地区域撒播草籽；当塔基位于耕地时，对永久占地区域撒播草籽，临时占地区进行耕地恢复；当塔基位于林地时，塔基区临时占地范围内除撒播草籽外还需栽植灌木，栽植面积按原场地灌木覆盖情况考虑。

4、植被恢复时草籽优先选取1～2种乡土草种等比例混播，草种质量、撒播密度等满足相关要求。

平原区塔基区水保方案、灌注桩基础

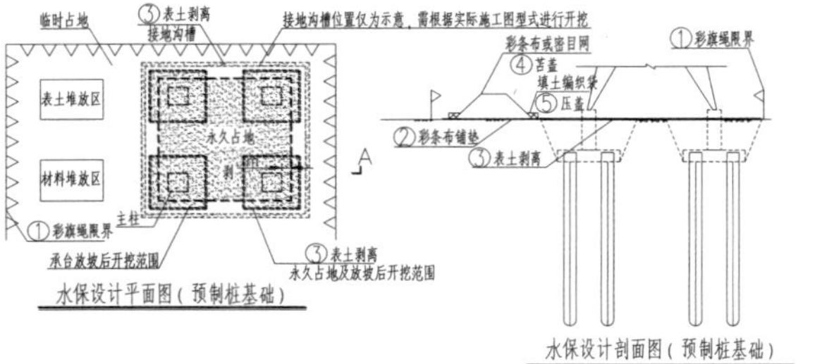

水保设计平面图（预制桩基础）

水保设计剖面图（预制桩基础）

A－A

场地准备阶段：限界、铺垫、表土剥离、苫盖、压盖。

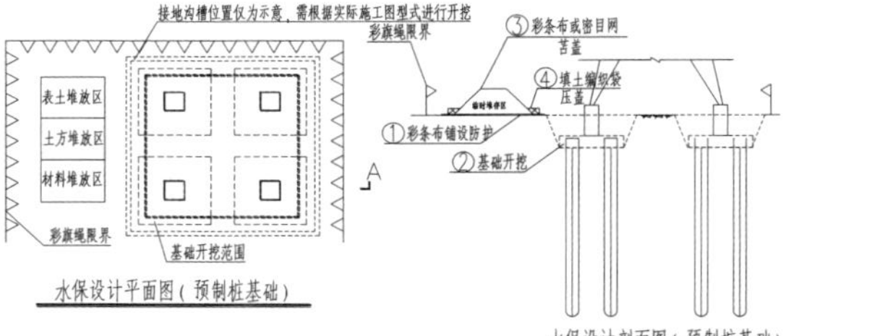

水保设计平面图（预制桩基础）

水保设计剖面图（预制桩基础）

A－A

施工阶段：铺垫、基础开挖、开挖土方临时堆存、苫盖、压盖。

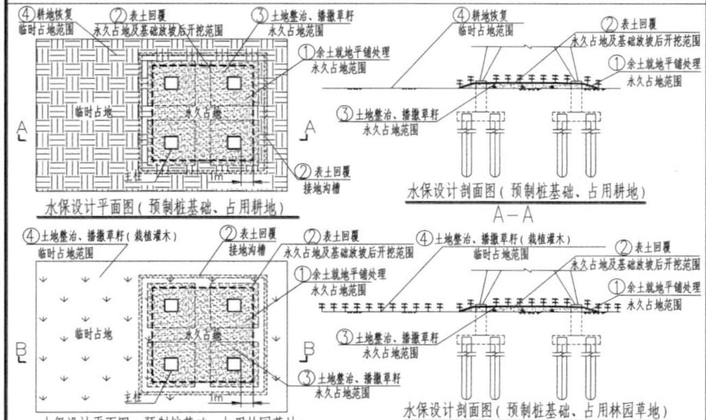

水保设计平面图（预制桩基础、占用耕地）

水保设计剖面图（预制桩基础、占用耕地）

A－A

水保设计平面图（预制桩基础、占用林园草地）

水保设计剖面图（预制桩基础、占用林园草地）

B－B

场地恢复阶段：余土处理、表土回覆、土地整治（或耕地恢复）、播撒草籽（栽植灌木）。

场地准备阶段：限界→铺垫→表土剥离→苫盖→压盖

1、施工前设置彩旗绳围护，限界范围由施工所需场地确定，不宜超过临时占地及永久占地面积之和，且应设置三面，严格限制施工机械和人员活动范围。

2、对塔基永久占地范围、放坡后开挖范围及接地槽占地范围内表土进行剥离，并集中堆放。

3、线路塔基区需在材料堆放区、剥离表土堆放区底部铺设彩条布铺垫。

4、材料堆放区、剥离表土堆放区顶部及四周苫盖，周围用填土编织袋压实，苫盖可选用彩条布或密目网。

5、材料堆放区、剥离表土堆放区应根据地形和施工实际需求调整设置。

基础施工阶段：铺垫→基础开挖→开挖土方临时堆存→苫盖→压盖

1、基础施工时，开挖土方堆放区底部铺设彩条布铺垫。

2、开挖土方堆放区顶部及四周苫盖，周围用填土编织袋压实，苫盖可选用彩条布或密目网。

场地恢复阶段：余土就地平摊→表土回覆→土地整治（或耕地回覆）→播撒草籽（栽植灌木）

1、基坑回填夯实后，应先将余土平摊至塔基范围内，土地整平结束后，再将临时堆放的表土回覆至余土表面。

2、施工结束后，结合原始地貌采取耕地恢复、土地整治等措施。

3、当塔基位于林地、草地、园地时，对永久占地和临时占地区域撒播草籽；当塔基位于耕地时，对永久占地区域撒播草籽，临时占地区进行耕地恢复；当塔基位于林地时，塔基区临时占地范围内除撒播草籽外还需栽植灌木，栽植面积按原场地灌木覆盖情况考虑。

4、植被恢复时草籽优先选取1～2种乡土草种等比例混播，草种质量、撒播密度等满足相关要求。

平原区塔基区水保方案、预制桩基础

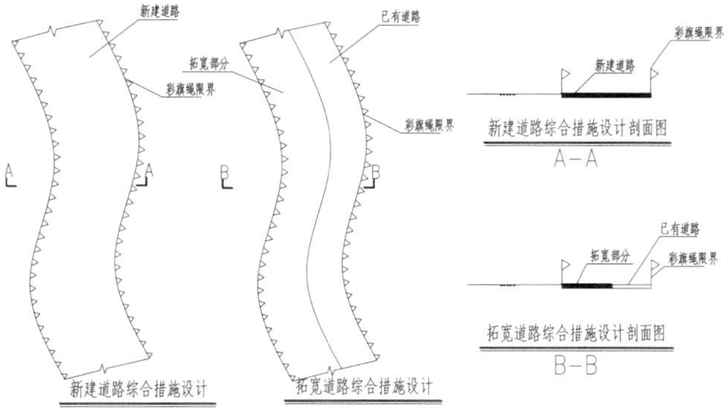

场地准备阶段：限界。

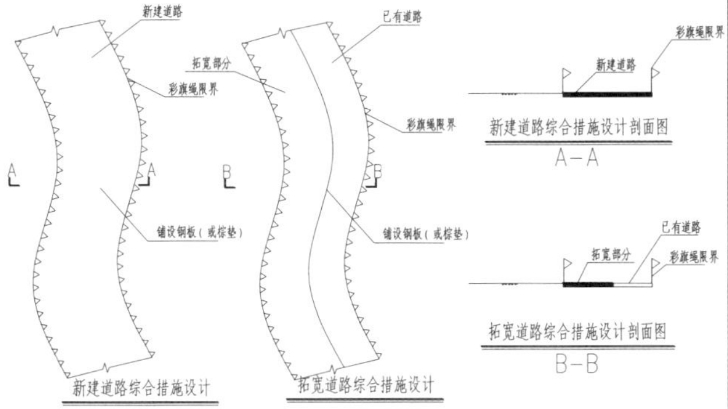

场地使用阶段：铺垫。

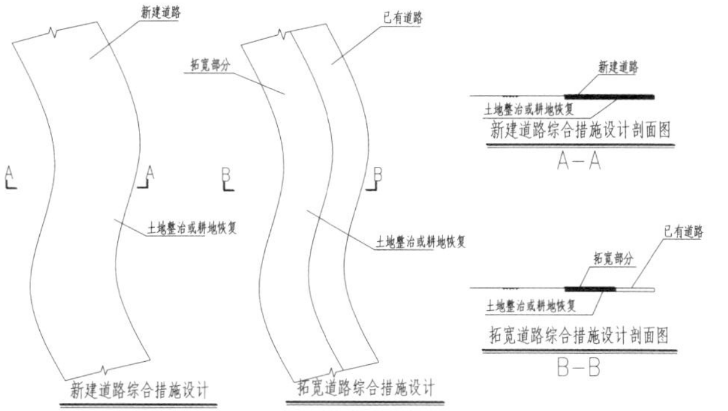

场地恢复阶段：土地整治（或耕地恢复）。

场地准备阶段：限界

1、施工道路的宽度由施工机具确定。

2、限界设置在道路两侧，限定道路范围，限界常采用彩旗绳。

施工阶段：铺垫

1、施工道路尽量利用当地已有的道路，尽量避免新建施工道路。

2、施工过程中需严格控制施工场地范围，不占用植被相对良好的区域和基本农田。

场地恢复阶段：土地整治（或耕地回覆）→播撒草籽（栽植灌木）

1、施工完后应对道路区进行清理。

2、施工结束后，结合原始地貌采取耕地恢复、土地整治等措施。

3、当占用林地、草地、园地时，对临时占地区域撒播草籽；当占用耕地时，对临时占地区域进行耕地恢复；当占用林地时，临时占地范围内除撒播草籽外还需栽植灌木，栽植面积按原场地灌木覆盖情况考虑。

4、植被恢复时草籽优先选取1～2种乡土草种等比例混播，草种质量、撒播密度等满足相关要求。

平原区道路区水保方案

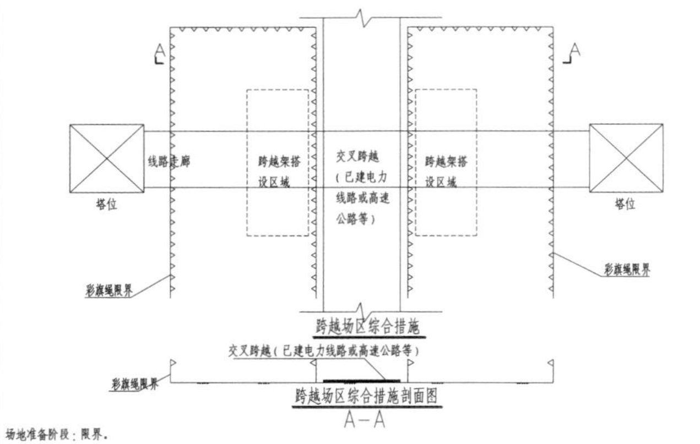

场地准备阶段：限界。

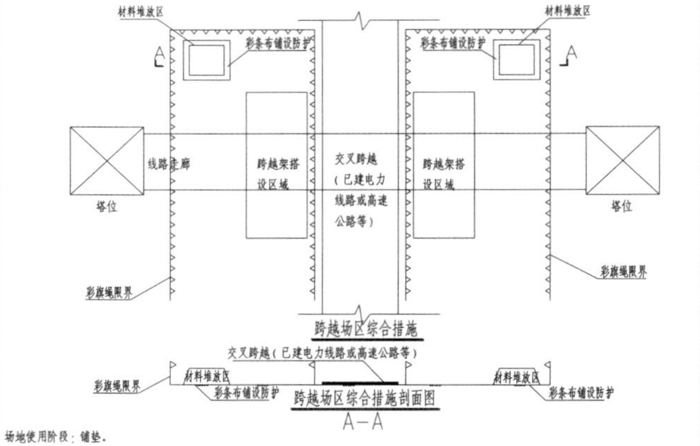

场地使用阶段：铺垫。

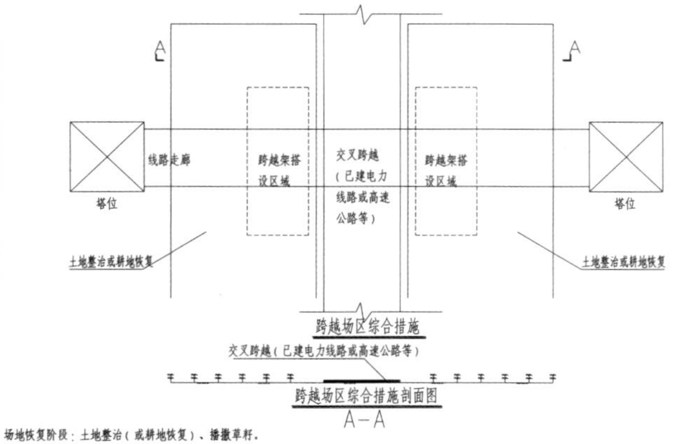

场地恢复阶段：土地整治（或耕地恢复）、播撒草籽。

场地准备阶段：限界

1、限界范围由施工所需场地确定，在施工期内对跨越场地三侧布设限界，限界常采用彩旗绳。

2、材料堆放区应根据地形和施工实际需求调整设置。

施工阶段：铺垫

1、为减少对地表的扰动，在跨越场地内材料堆放区铺设彩条布防护。

场地恢复阶段：土地整治（或耕地回覆）→播撒草籽（栽植灌木）

1、跨越场在施工完毕后应进行场地清理。

2、施工结束后，结合原始地貌采取耕地恢复、土地整治等措施。

3、当占用林地、草地、园地时，对临时占地区域撒播草籽；当占用耕地时，对临时占地区域进行耕地恢复；当占用林地时，临时占地范围内除撒播草籽外还需栽植灌木，栽植面积按原场地灌木覆盖情况考虑。

4、植被恢复时草籽优先选取1～2种乡土草种等比例混播，草种质量、撒播密度等满足相关要求。

平原区跨越场水保方案

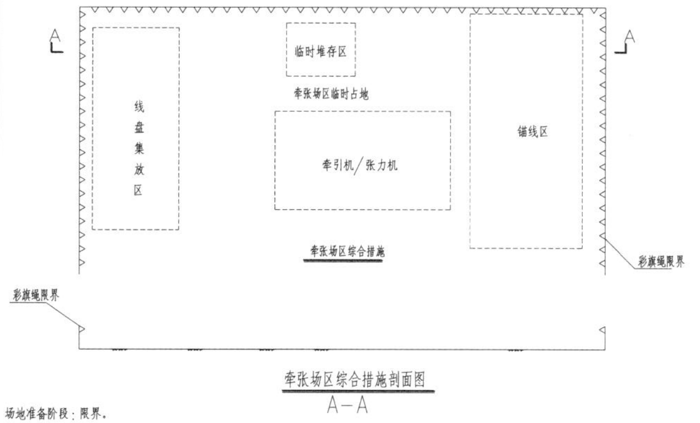

场地准备阶段：限界。

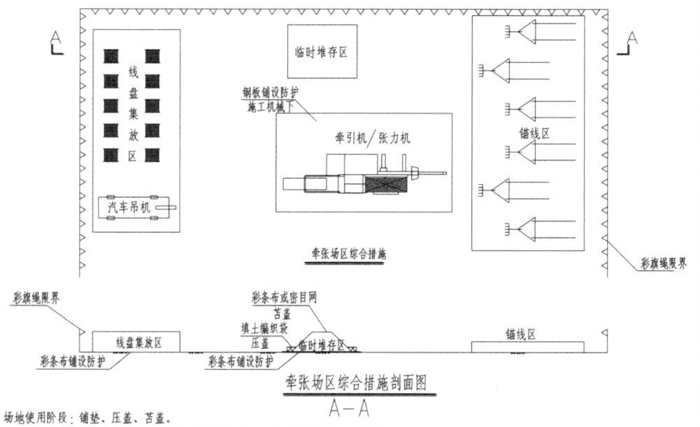

场地使用阶段：铺垫、压盖、苫盖。

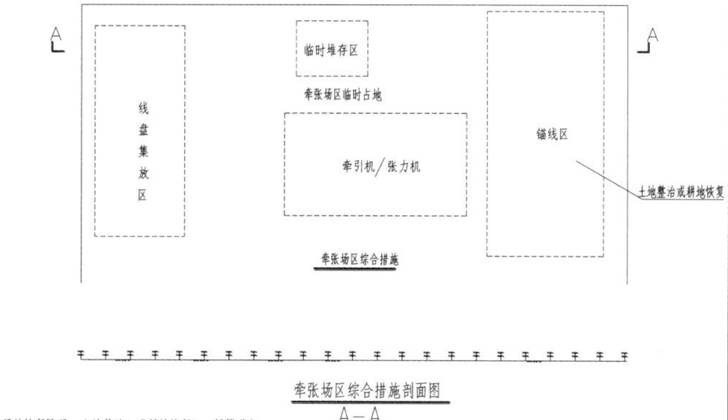

场地恢复阶段：土地整治（或耕地恢复）、播撒草籽。

场地准备阶段：限界

1、限界范围由施工所需场地确定，在施工期内对牵张场三侧布置限界，限界常采用彩旗绳。

2、材料堆放区应根据地形和施工实际需求调整设置。

施工阶段：铺垫

1、为减少对地表的扰动，在牵张场地内铺设彩条布防护。

2、为方便机械设备和导线的运输与吊装，在牵张场地内规划出施工通道，通道铺设钢板。

场地恢复阶段：土地整治（或耕地回覆）→播撒草籽（栽植灌木）

1、牵张场在施工完毕后应进行场地清理。

2、施工结束后，结合原始地貌采取耕地恢复、土地整治等措施。

3、当占用林地、草地、园地时，对临时占地区域撒播草籽；当占用耕地时，对临时占地区域进行耕地恢复；当占用林地时，临时占地范围内除撒播草籽外还需栽植灌木，栽植面积按原场地灌木覆盖情况考虑。

4、植被恢复时草籽优先选取1～2种乡土草种等比例混播，草种质量、撒播密度等满足相关要求。

平原区牵张场水保方案

6.1.2 河网区水土保持措施典型方案

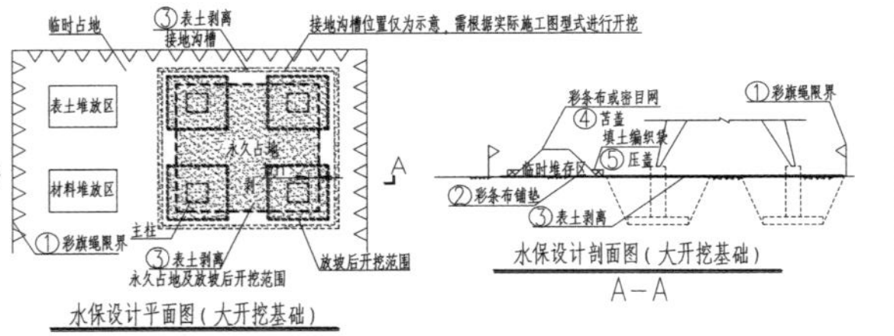

水保设计平面图（大开挖基础）

水保设计剖面图（大开挖基础）
A－A

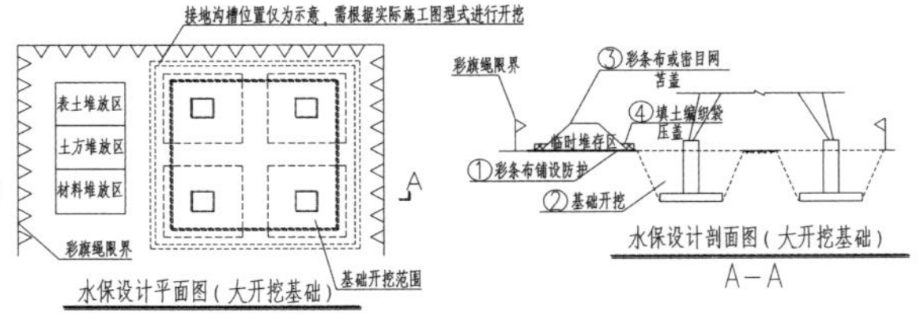

水保设计平面图（大开挖基础）

水保设计剖面图（大开挖基础）
A－A

场地准备阶段：限界、铺垫、表土剥离、苫盖、压盖。

施工阶段：铺垫、基础开挖、开挖土方临时堆存、苫盖、压盖。

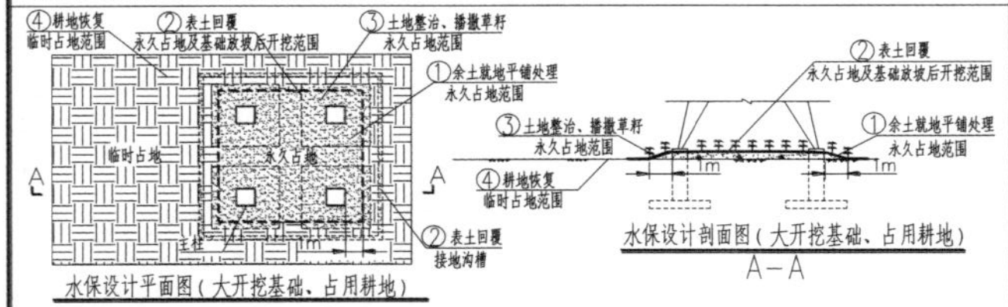

水保设计平面图（大开挖基础、占用耕地）

水保设计剖面图（大开挖基础、占用耕地）
A－A

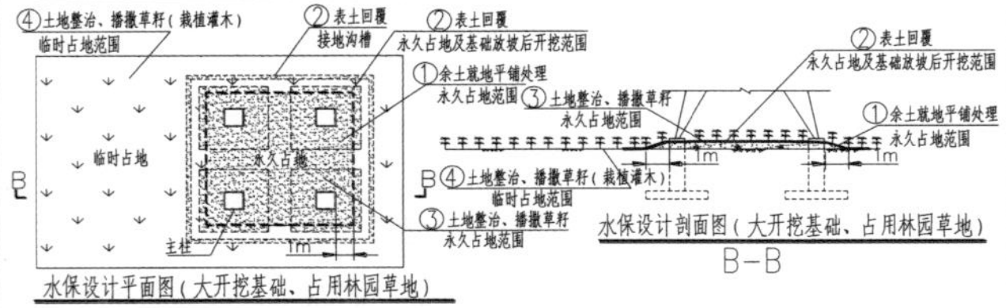

水保设计平面图（大开挖基础、占用林园草地）

水保设计剖面图（大开挖基础、占用林园草地）
B－B

场地恢复阶段：余土处理、表土回覆、土地整治（或耕地恢复）、播撒草籽（栽植灌木）。

场地准备阶段：限界→铺垫→表土剥离→苫盖→压盖

1、施工前设置彩旗绳围护，限界范围由施工所需场地确定，不宜超过临时占地及永久占地面积之和，且应设置三面，严格限制施工机械和人员活动范围。

2、余土就地平摊塔位对塔基永久占地范围、放坡后开挖范围及接地槽占地范围内表土进行剥离，并集中堆放。

3、线路塔基区需在材料堆放区、剥离表土堆放区底部铺设彩条布铺垫。

4、材料堆放区、剥离表土堆放区顶部及四周苫盖，周围用填土编织袋压实，苫盖可选用彩条布或密目网。

5、材料堆放区、剥离表土堆放区应根据地形和施工实际需求调整设置。

基础施工阶段：铺垫→基础开挖→开挖土方临时堆存→苫盖→压盖

1、基础施工时，开挖土方堆放区底部铺设彩条布铺垫。

2、开挖土方堆放区顶部及四周苫盖，周围用填土编织袋压实，苫盖可选用彩条布或密目网。

场地恢复阶段：余土就地平摊→表土回覆→土地整治（或耕地恢复）→播撒草籽（栽植灌木）

1、基坑回填夯实后，应先将余土平摊至塔基范围内，土地整平结束后，再将临时堆放的表土回覆至余土表面。

2、施工结束后，结合原始地貌采取耕地恢复、土地整治等措施。

3、当塔基位于林地、草地、园地时，对永久占地和临时占地区域撒播草籽；当塔基位于耕地时，对永久占地区域撒播草籽，临时占地区进行耕地恢复；当塔基位于林地时，塔基区临时占地范围内除撒播草籽外还需栽植灌木，栽植面积按原场地灌木覆盖情况考虑。

4、植被恢复时草籽优先选取1～2种乡土草种等比例混播，草种质量、撒播密度等满足相关要求。

河网区塔基区水保方案、大开挖基础、非水域

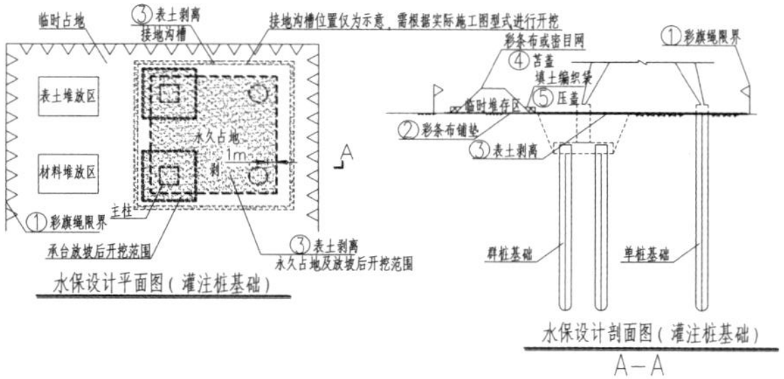

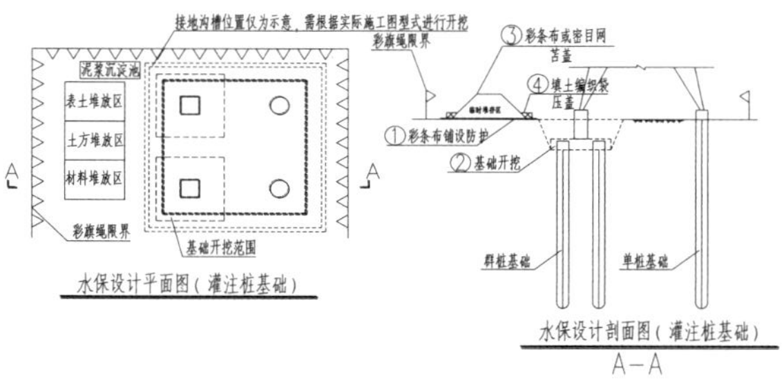

场地准备阶段：限界、铺垫、表土剥离、苫盖、压盖。

施工阶段：铺垫、基础开挖、开挖土方临时堆存、苫盖、压盖。

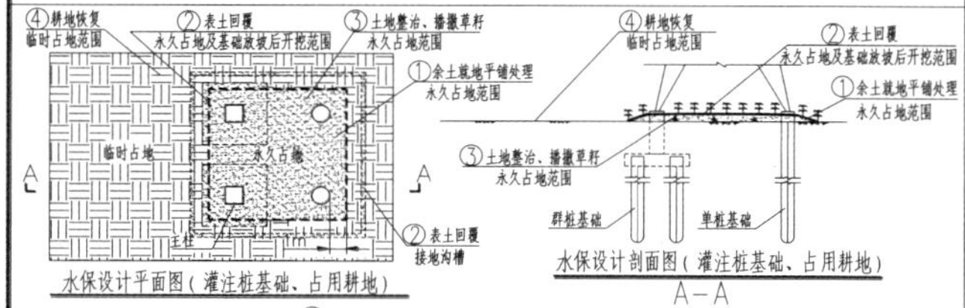

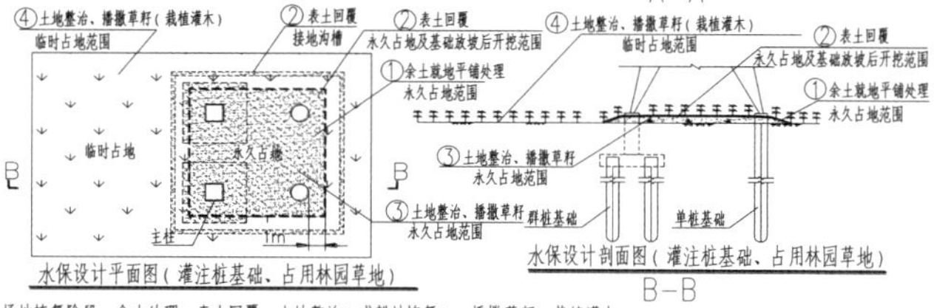

场地恢复阶段：余土处理、表土回覆、土地整治（或耕地恢复）、播撒草籽（栽植灌木）。

场地准备阶段：限界→铺垫→表土剥离→苫盖→压盖

1、施工前设置彩旗绳围护，限界范围由施工所需场地确定，不宜超过临时占地及永久占地面积之和，且应设置三面，严格限制施工机械和人员活动范围。

2、对塔基永久占地范围、放坡后开挖范围及接地槽占地范围内表土进行剥离，并集中堆放。

3、线路塔基区需在材料堆放区、剥离表土堆放区底部铺设彩条布铺垫。

4、材料堆放区、剥离表土堆放区顶部及四周苫盖，周围用填土编织袋压实，苫盖可选用彩条布或密目网。

5、材料堆放区、剥离表土堆放区应根据地形和施工实际需求调整设置。

基础施工阶段：　铺垫→基础开挖→开挖土方临时堆存→苫盖→压盖

1、基础施工时，开挖土方堆放区底部铺设彩条布铺垫。

2、开挖土方堆放区顶部及四周苫盖，周围用填土编织袋压实，苫盖可选用彩条布或密目网。

3、在灌注桩外侧设置泥浆池存放钻孔施工需要的泥浆；泥浆池外侧还需设置沉淀池对钻渣浆进行沉淀和固化处理。泥浆池及沉淀池挖方土临时堆置于池的四周，堆土内侧、外侧坡脚采用编织袋装土围护。

场地恢复阶段：余土就地平摊→表土回覆→土地整治（或耕地回覆）→播撒草籽（栽植灌木）

1、基坑回填夯实后，应先将余土平摊至塔基范围内，土地整平结束后，再将临时堆放的表土回覆至余土表面。

2、施工结束后，结合原始地貌采取耕地恢复、土地整治等措施。

3、当塔基位于林地、草地、园地时，对永久占地和临时占地区域撒播草籽；当塔基位于耕地时，对永久占地区域撒播草籽，临时占地区进行耕地恢复；当塔基位于林地时，塔基区临时占地范围内除撒播草籽外还需栽植灌木，栽植面积按原场地灌木覆盖情况考虑。

4、植被恢复时草籽优先选取1～2种乡土草种等比例混播，草种质量、撒播密度等满足相关要求。

河网区
塔基区水保方案、灌注桩基础、非水域

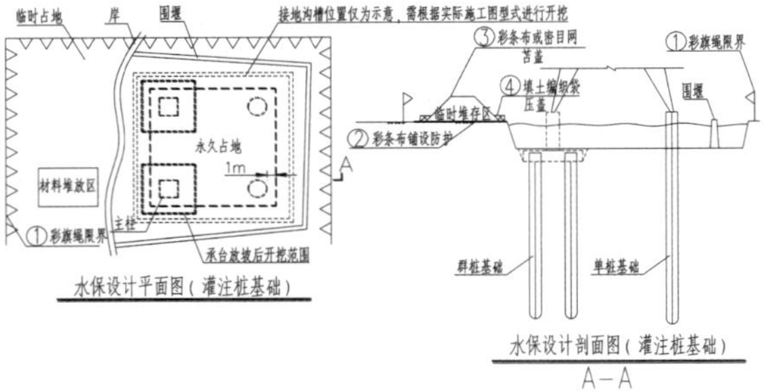

场地准备阶段：限界、铺垫、苫盖、压盖。

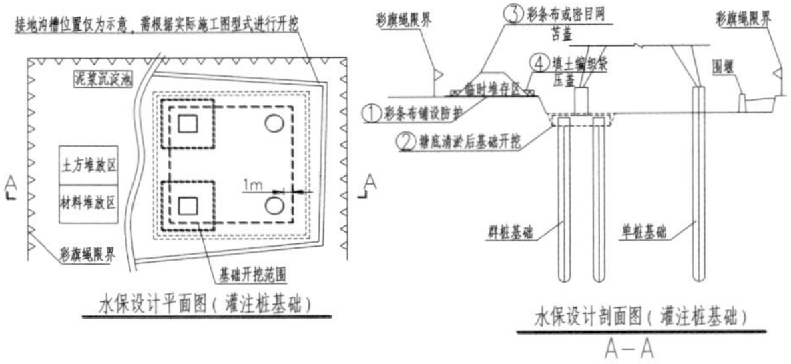

施工阶段：铺垫、基础开挖、开挖土方临时堆存、苫盖、压盖。

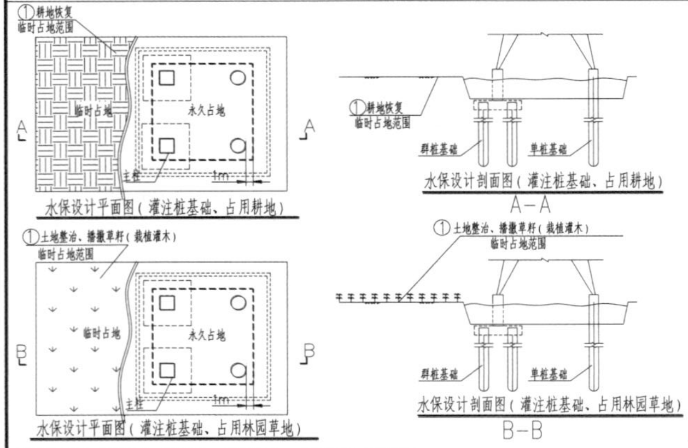

场地恢复阶段：余土处理、土地整治（或耕地恢复）、播撒草籽（栽植灌木）。

场地准备阶段：限界→铺垫→表土剥离→苫盖→压盖

1、施工前设置彩旗绳围护，限界范围由施工所需场地确定，不宜超过临时占地及永久占地面积之和，且应设置三面，严格限制施工机械和人员活动范围。

2、线路塔基区需在材料堆放区、土方堆放区底部铺设彩条布铺垫。

3、材料堆放区、土方堆放区顶部及四周苫盖，周围用填土编织袋压实，苫盖可选用彩条布或密目网。

4、材料堆放区、土方堆放区应根据地形和施工实际需求调整设置。

基础施工阶段： 铺垫→基础开挖→开挖土方临时堆存→苫盖→压盖

1、基础施工时，开挖土方堆放区底部铺设彩条布铺垫。

2、开挖土方堆放区顶部及四周苫盖，周围用填土编织袋压实，苫盖可选用彩条布或密目网。

3、在灌注桩外侧设置泥浆池存放钻孔施工需要的泥浆；泥浆池外侧还需设置沉淀池对钻渣浆进行沉淀和固化处理。泥浆池及沉淀池挖方土临时堆置于池的四周，堆土内侧、外侧坡脚采用编织袋装土围护。

场地恢复阶段：余土外运处理→表土回覆→土地整治（或耕地回覆）→播撒草籽（栽植灌木）

1、基坑回填夯实后，应将余土外运。

2、围堰拆除需采取减少流失的有效措施。

3、施工结束后，结合原始地貌采取耕地恢复、土地整治等措施。

3、当临时占地占用林地、草地、园地时，对临时占地区域撒播草籽；当临时占地占用耕地时，对临时占地区域进行耕地恢复；当临时占地占用林地时，对临时占地范围内除撒播草籽外还需栽植灌木，栽植面积按原场地灌木覆盖情况考虑。

4、植被恢复时草籽优先选取1～2种乡土草种等比例混播，草种质量、撒播密度等满足相关要求。

河网区
塔基区水保方案、灌注桩基础、水域

61

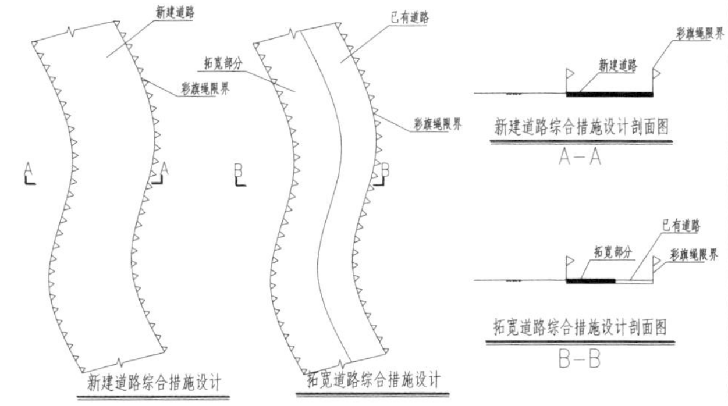

场地准备阶段：限界。

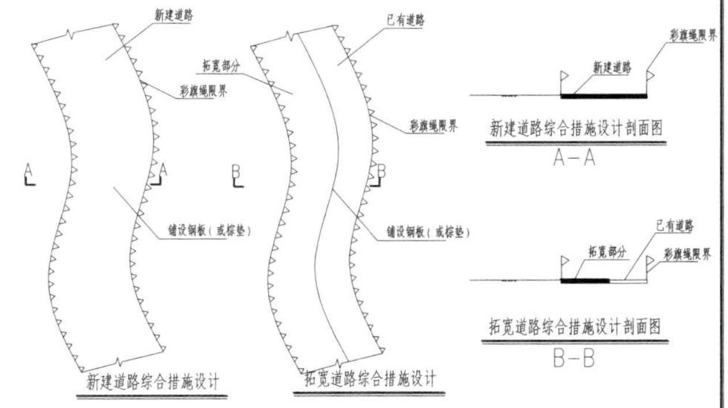

场地使用阶段：铺垫。

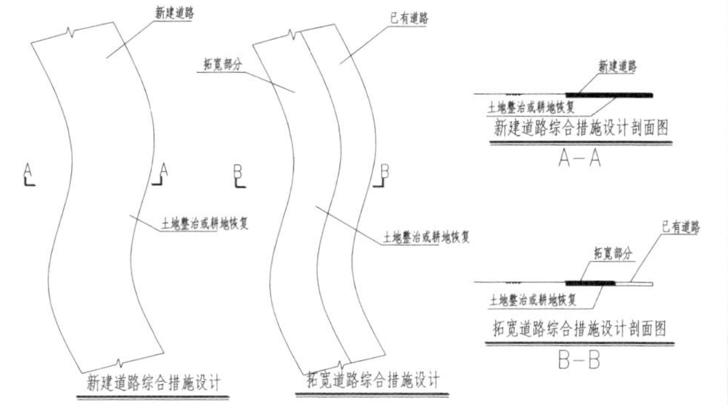

场地恢复阶段：土地整治（或耕地恢复）。

场地准备阶段：限界

1、施工道路的宽度由施工机具确定。

2、限界设置在道路两侧，限定道路范围，限界常采用彩旗绳。

施工阶段：　铺垫

1、施工道路尽量利用当地已有的道路，尽量避免新建施工道路。

2、施工过程中需严格控制施工场地范围，不占用植被相对良好的区域和基本农田。

场地恢复阶段：土地整治（或耕地回覆）→播撒草籽（栽植灌木）

1、施工完后应对道路区进行清理。

2、施工结束后，结合原始地貌采取耕地恢复、土地整治等措施。

3、当占用林地、草地、园地时，对临时占地区域撒播草籽；当占用耕地时，对临时占地区域进行耕地恢复；当占用林地时，临时占地范围内除撒播草籽外还需栽植灌木，栽植面积按原场地灌木覆盖情况考虑。

4、植被恢复时草籽优先选取1～2种乡土草种等比例混播，草种质量，撒播密度等满足相关要求。

河网区道路区水保方案

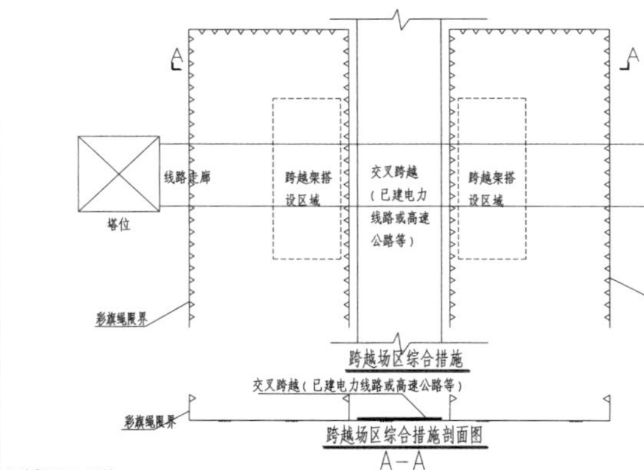

场地准备阶段：限界。

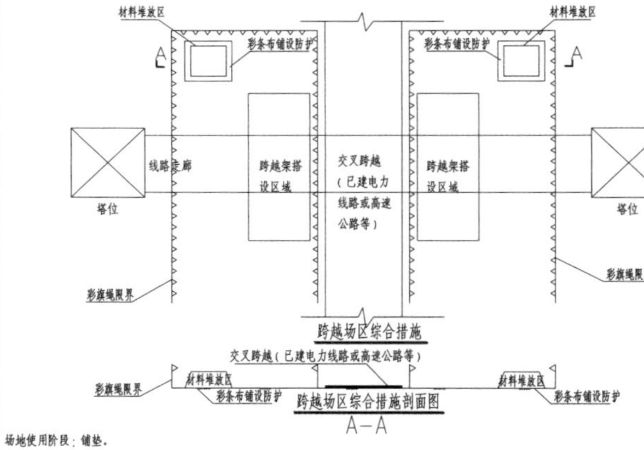

场地使用阶段：铺垫。

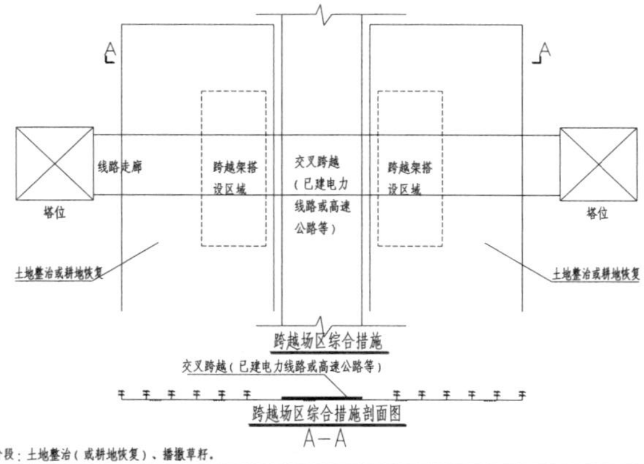

场地恢复阶段：土地整治（或耕地恢复）、播撒草籽。

场地准备阶段：限界

1、限界范围由施工所需场地确定，在施工期内对跨越场地三侧布设限界，限界常采用彩旗绳。

2、材料堆放区应根据地形和施工实际需求调整设置。

施工阶段：铺垫

1、为减少对地表的扰动，在跨越场地内材料堆放区铺设彩条布防护。

场地恢复阶段：土地整治（或耕地回覆）→播撒草籽（栽植灌木）

1、跨越场在施工完毕后应进行场地清理。

2、施工结束后，结合原始地貌采取耕地恢复、土地整治等措施。

3、当占用林地、草地、园地时，对临时占地区域撒播草籽；当占用耕地时，对临时占地区域进行耕地恢复；当占用林地时，临时占地范围内除撒播草籽外还需栽植灌木，栽植面积按原场地灌木覆盖情况考虑。

4、植被恢复时草籽优先选取1～2种乡土草种等比例混播，草种质量、撒播密度等满足相关要求。

河网区跨越场水保方案

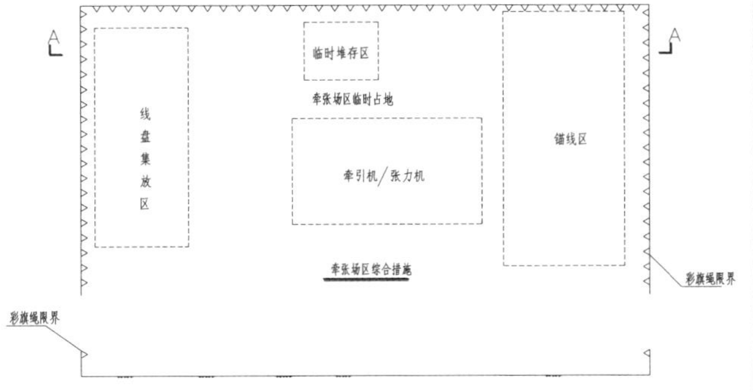

牵张场区综合措施剖面图

A—A

场地准备阶段：限界。

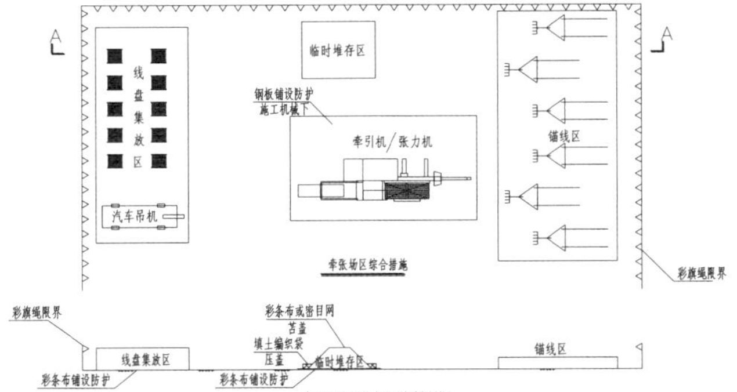

牵张场区综合措施剖面图

A—A

场地使用阶段：铺垫、压盖、苫盖。

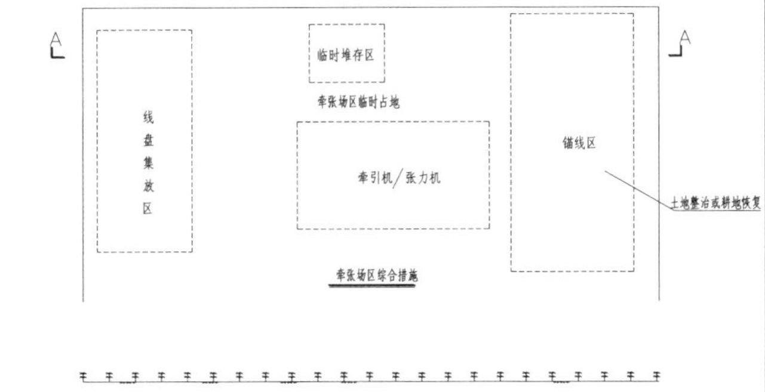

牵张场区综合措施剖面图

A—A

场地恢复阶段：土地整治（或耕地恢复）、播撒草籽。

场地准备阶段：限界

1、限界范围由施工所需场地确定，在施工期内对牵张场三侧布置限界，限界常采用彩旗绳。

2、材料堆放区应根据地形和施工实际需求调整设置。

施工阶段：铺垫

1、为减少对地表的扰动，在牵张场地内铺设彩条布防护。

2、为方便机械设备和导线的运输与吊装，在牵张场地内规划出施工通道，通道铺设钢板。

场地恢复阶段：土地整治（或耕地回覆）→播撒草籽（栽植灌木）

1、牵张场在施工完毕后应进行场地清理。

2、施工结束后，结合原始地貌采取耕地恢复、土地整治等措施。

3、当占用林地、草地、园地时，对临时占地区域撒播草籽；当占用耕地时，对临时占地区域进行耕地恢复；当占用林地时，临时占地范围内除撒播草籽外还需栽植灌木，栽植面积按原场地灌木覆盖情况考虑。

4、植被恢复时草籽优先选取1～2种乡土草种等比例混播，草种质量、撒播密度等满足相关要求。

河网区牵张场水保方案

6.1.3 山丘区水土保持措施典型方案

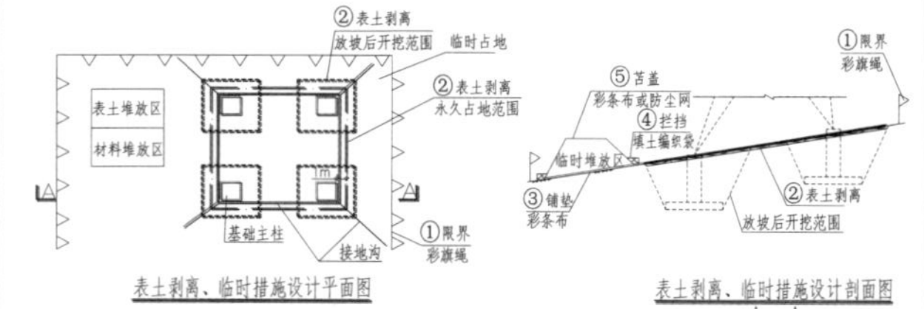

表土剥离、临时措施设计平面图　　表土剥离、临时措施设计剖面图 A—A

场地准备阶段：限界→表土剥离→铺垫→拦挡→苫盖。

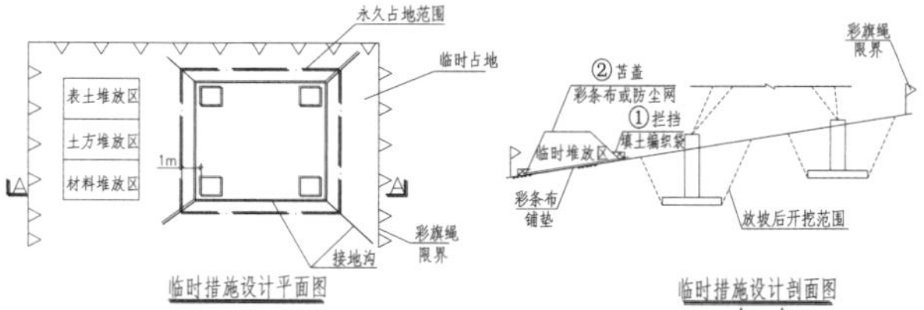

临时措施设计平面图　　临时措施设计剖面图 A—A

施工阶段：拦挡→苫盖。

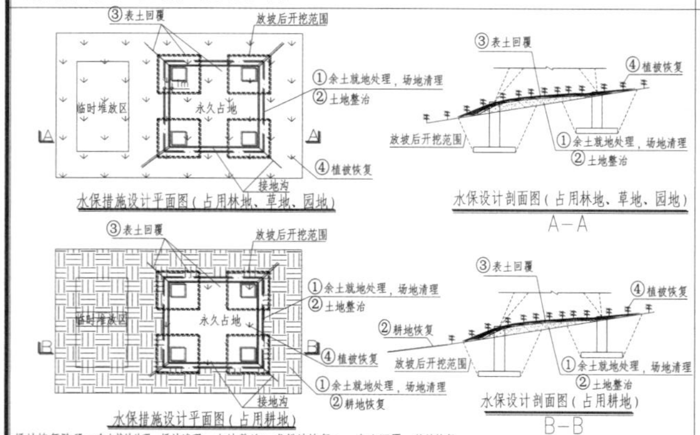

水保措施设计平面图（占用林地、草地、园地）　　水保设计剖面图（占用林地、草地、园地） A—A

水保措施设计平面图（占用耕地）　　水保设计剖面图（占用耕地） B—B

场地恢复阶段：余土就地处理，场地清理→土地整治（或耕地恢复）→表土回覆→植被恢复。

场地准备阶段：限界→表土剥离→铺垫→拦挡→苫盖

1、限界范围由施工所需场地确定，可根据现场实际地形调整，不宜超过临时占地及永久占地面积之和，且应设置三面，限界常采用彩旗绳。

2、基坑开挖前应进行表土人工剥离，剥离厚度根据塔位实际情况确定。

3、线路塔基区需在材料堆放区、土方堆放区底部应进行铺设防护，常采用彩条布。

4、材料堆放区、土方堆放区、表土堆放区顶部及四周苫盖，周围用填土编织袋压实，苫盖可选用彩条布或防尘网。

5、材料堆放区、土方堆放区、表土堆放区应根据地形和施工实际需求调整设置。

6、接地沟开挖前应进行表土人工剥离，剥离厚度及剥离范围根据塔位接地实际情况确定。

施工阶段：拦挡→苫盖

1、基坑开挖过程中的余土堆放于临时堆存区时应在顶部及四周苫盖，周围用填土编织袋压实，苫盖可选用彩条布或防尘网。

2、基础施工完成后及时按图纸要求对余土进行处理，避免长时间堆放于临时堆存区。

3、接地沟开挖范围及要求根据塔位实际接地配置情况确定。

4、图中基础外形为示意，具体以基础施工图纸为准。

场地恢复阶段：余土就地处理，场地清理→土地整治（或耕地恢复）→表土回覆→植被恢复

1、余土采用就地处理的方式，就地处理范围为塔基永久占地范围。

2、工程使用时按塔位所在区域占地情况，采用相对应的植物措施。

3、采取全面场地清理和土地整治，范围为整个塔基施工区域。

4、土地整治结束后，对永久占地范围、放坡后开挖范围及接地沟开挖范围区域进行表土回覆。

5、当塔基位于林地、草地、园地时，对永久占地和临时占地区域撒播草籽；当塔基位于耕地时，对永久占地区域撒播草籽，临时占地区进行耕地恢复；当塔基位于园地、林地时，塔基区临时占地范围内除撒播草籽外还需栽植灌木，栽植面积按原场地灌木覆盖情况考虑。

6、植被恢复时草籽优先选取1～2种乡土草种等比例混播，草种质量、撒播密度等满足相关要求。

山丘区余土就地处理
塔基区水保方案，大开挖基础，覆盖层厚

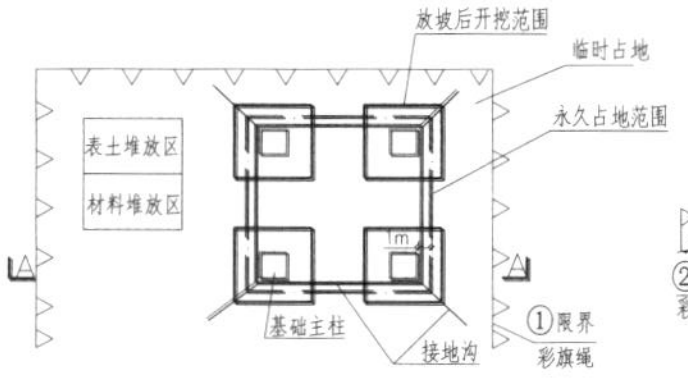

表土剥离、临时措施设计平面图

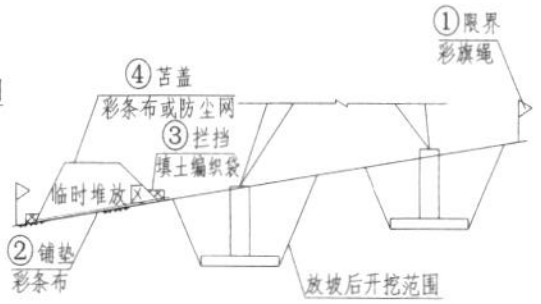

表土剥离、临时措施设计剖面图
A－A

场地准备阶段：限界→铺垫→拦挡→苫盖。

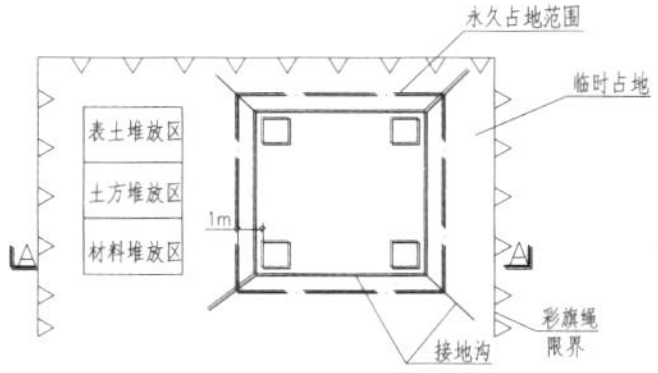

临时措施设计平面图

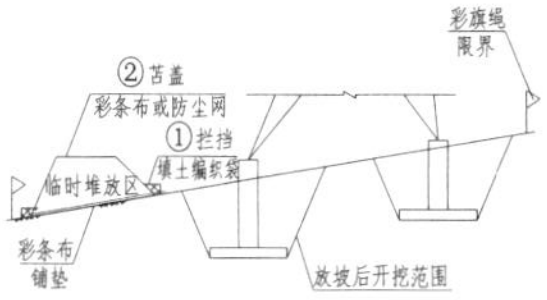

临时措施设计剖面图
A－A

施工阶段：拦挡→苫盖。

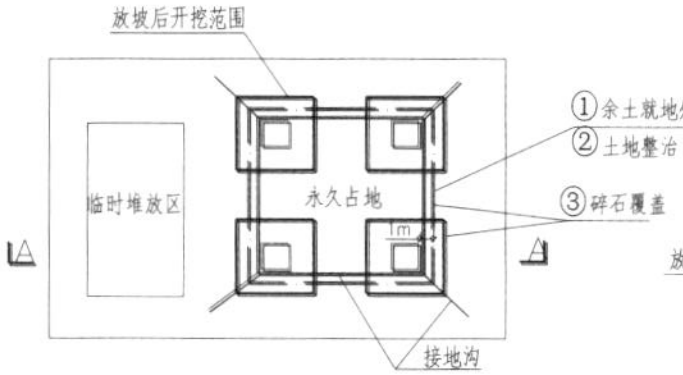

水保措施设计平面图

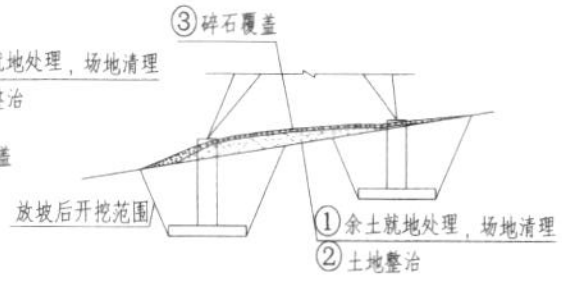

水保设计剖面图
A－A

场地恢复阶段：余土就地处理，场地清理→土地整治→碎石覆盖。

场地准备阶段：限界→铺垫→拦挡→苫盖

1、限界范围由施工所需场地确定，可根据现场实际地形调整，不宜超过临时占地及永久占地面积之和，且应设置三面，限界常采用彩旗绳。
2、线路塔基区需在材料堆放区、土方堆放区底部应进行铺设防护，常采用彩条布。
3、材料堆放区、土方堆放区、表土堆放区顶部及四周苫盖，周围用填土编织袋压实，苫盖可选用彩条布或防尘网。
4、材料堆放区、土方堆放区、表土堆放区应根据地形和施工实际需求调整设置。

施工阶段：拦挡→苫盖

1、基坑开挖过程中的余土堆放于临时堆存区时应在顶部及四周苫盖，周围用填土编织袋压实，苫盖可选用彩条布或防尘网。
2、基础施工完成后及时按图纸要求对余土进行处理，避免长时间堆放于临时堆存区。
3、接地沟开挖范围及要求根据塔位实际接地配置情况确定。
4、图中基础外形仅为示意，具体以施工图纸为准。

场地恢复阶段：余土就地处理，场地清理→土地整治→碎石覆盖

1、施工完成后应对施工区域进行场地清理及土地整治。
2、在场地清理及土地整治后对塔基永久占地范围及放坡后开挖范围进行碎石覆盖，碎石粒径尽量均匀，覆盖厚度不小于5cm。

山丘区余土就地处理
塔基区水保方案、大开挖基础、覆盖层薄

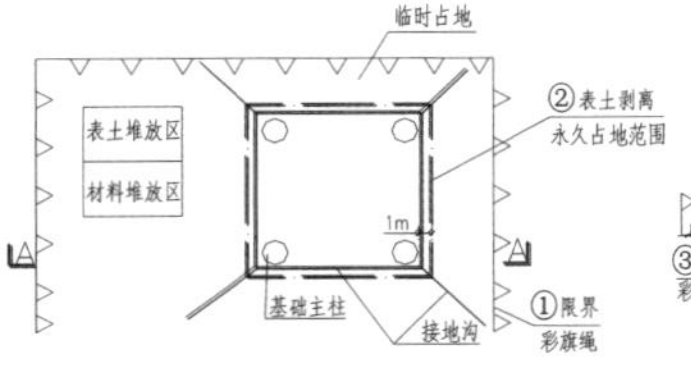

表土剥离、临时措施设计平面图

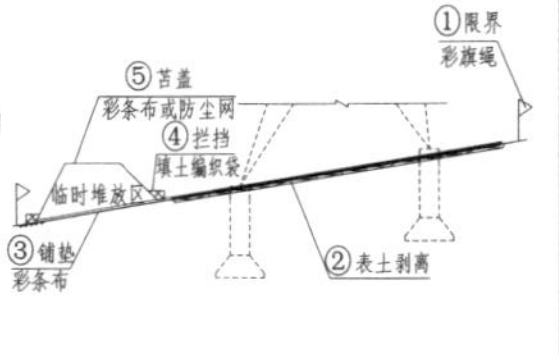

表土剥离、临时措施设计剖面图

A－A

场地准备阶段：限界→表土剥离→铺垫→拦挡→苫盖。

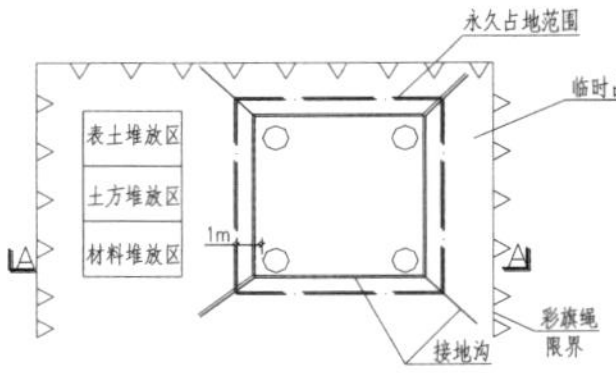

临时措施设计平面图

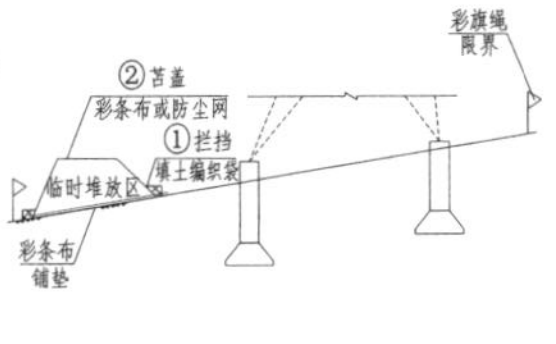

临时措施设计剖面图

A－A

施工阶段：拦挡→苫盖。

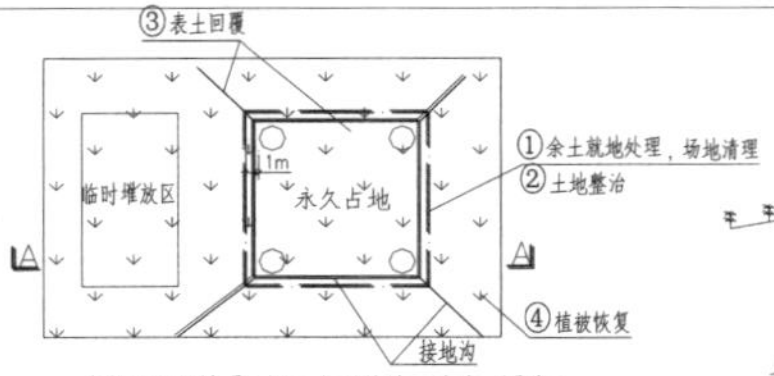

水保措施设计平面图（占用林地、草地、园地）

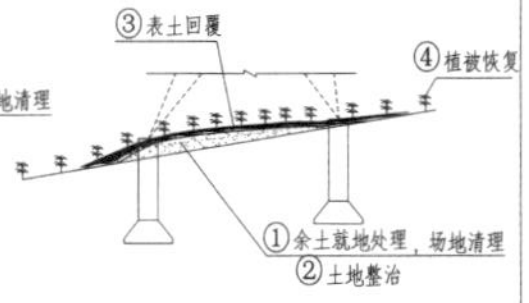

水保设计剖面图（占用林地、草地、园地）

A－A

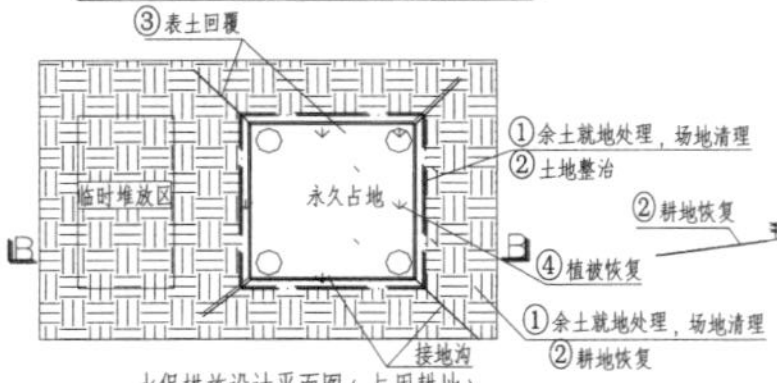

水保措施设计平面图（占用耕地）

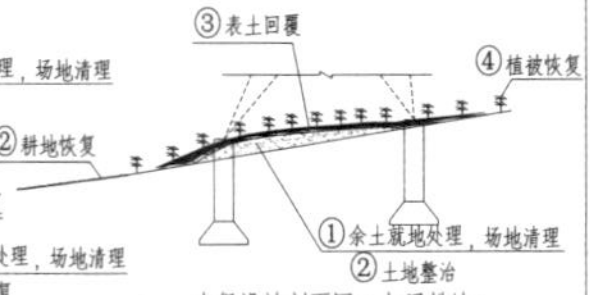

水保设计剖面图（占用耕地）

B－B

场地恢复阶段：余土就地处理，场地清理→土地整治（或耕地恢复）→表土回覆→植被恢复。

场地准备阶段：限界→表土剥离→铺垫→拦挡→苫盖

1、限界范围由施工所需场地确定，可根据现场实际地形调整，不宜超过临时占地及永久占地面积之和，且应设置三面，限界常采用彩旗绳。

2、基坑开挖前应进行表土人工剥离，剥离厚度根据塔位实际情况确定。

3、线路塔基区需在材料堆放区、土方堆放区底部应进行铺设防护，常采用彩条布。

4、材料堆放区、土方堆放区、表土堆放区顶部及四周苫盖，周围用填土编织袋压实，苫盖可选用彩条布或防尘网。

5、材料堆放区、土方堆放区、表土堆放区应根据地形和施工实际需求调整设置。

6、接地沟开挖前应进行表土人工剥离，剥离厚度及剥离范围根据塔位实际情况确定。

施工阶段：拦挡→苫盖

1、基坑开挖过程中的余土堆放于临时堆存区时应在顶部及四周苫盖，周围用填土编织袋压实，苫盖可选用彩条布或防尘网。

2、基础施工完成后及时按图纸要求对余土进行处理，避免长时间堆放于临时堆存区。

3、接地沟开挖范围及要求根据塔位实际接地配置情况确定。

4、图中基础外形仅为示意，具体以施工图纸为准。

场地恢复阶段：余土就地处理，场地清理→土地整治（或耕地恢复）→表土回覆→植被恢复

1、余土采用就地处理的方式，就地处理范围为塔基永久占地范围。

2、工程使用时按塔位所在区域占地情况，采用相对应的植物措施。

3、采取全面场地清理和土地整治，范围为整个塔基施工区域。

4、土地整治结束后，对永久占地范围及接地沟开挖范围区域进行表土回覆。

5、当塔基位于林地、草地、园地时，对永久占地和临时占地区域撒播草籽；当塔基位于耕地时，对永久占地区域撒播草籽，临时占地区进行耕地恢复；当塔基位于园地、林地时，塔基区临时占地范围内除撒播草籽外还需栽植灌木，栽植面积按原场地灌木覆盖情况考虑。

6、植被恢复时草籽优先选取1～2种乡土草种等比例混播，草种质量、撒播密度等满足相关要求。

山丘区余土就地处理
塔基区水保方案　原状土基础　覆盖层厚

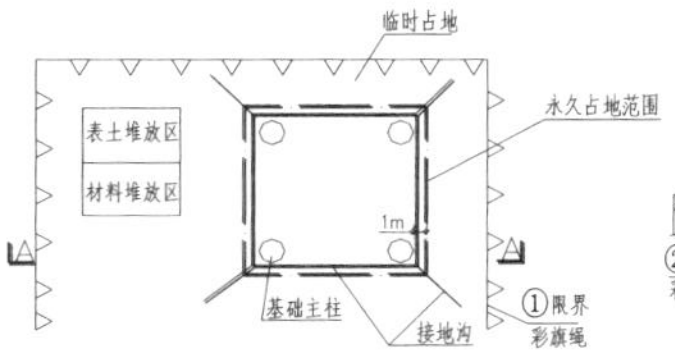

临时措施设计平面图

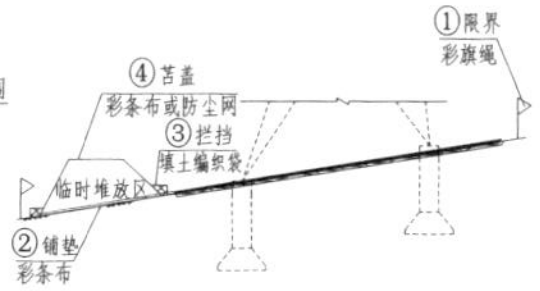

临时措施设计剖面图

A－A

场地准备阶段：限界→铺垫→拦挡→苫盖。

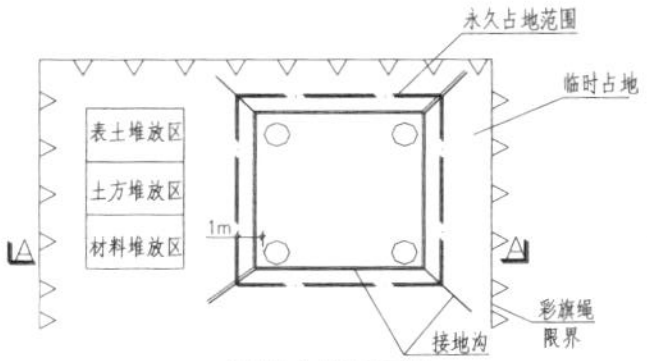

临时措施设计平面图

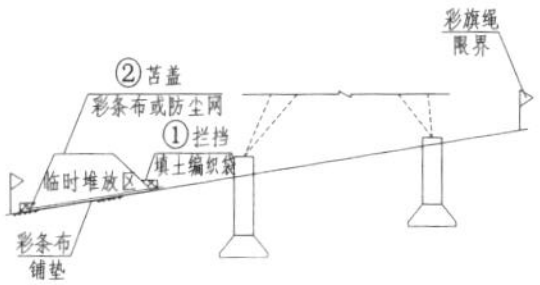

临时措施设计剖面图

A－A

施工阶段：拦挡→苫盖。

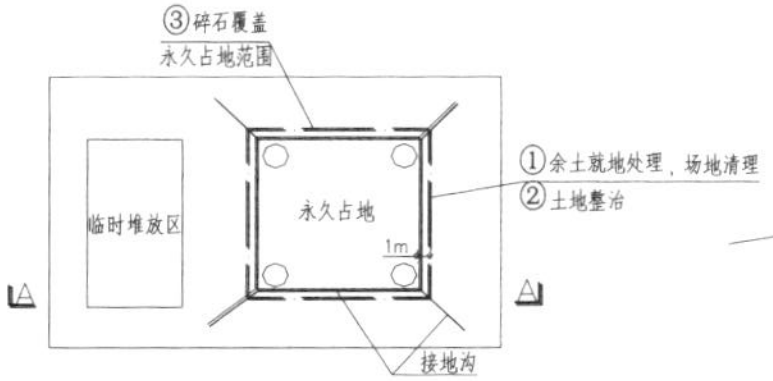

水保措施设计平面图

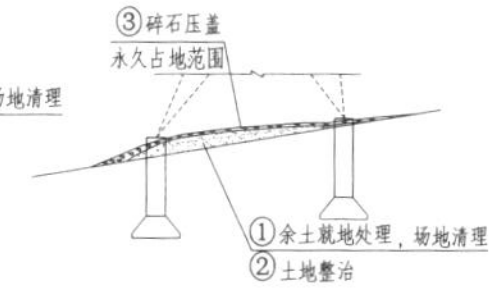

水保设计剖面图

A－A

场地恢复阶段：余土就地处理，场地清理→土地整治→碎石覆盖。

场地准备阶段：限界→铺垫→拦挡→苫盖

1、限界范围由施工所需场地确定，可根据现场实际地形调整，不宜超过临时占地及永久占地面积之和，且应设置三面，限界常采用彩旗绳。

2、线路塔基区需在材料堆放区、土方堆放区底部应进行铺设防护，常采用彩条布。

3、材料堆放区、土方堆放区、表土堆放区顶部及四周苫盖，周围用填土编织袋压实，苫盖可选用彩条布或防尘网。

4、材料堆放区、土方堆放区、表土堆放区应根据地形和施工实际需求调整设置。

施工阶段：拦挡→苫盖

1、基坑开挖过程中的余土堆放于临时堆存区时应在顶部及四周苫盖，周围用填土编织袋压实，苫盖可选用彩条布或防尘网。

2、基础施工完成后及时按图纸要求对余土进行处理，避免长时间堆放于临时堆存区。

3、接地沟开挖范围及要求根据塔位实际接地配置情况确定。

4、图中基础外形仅为示意，具体以施工图纸为准。

场地恢复阶段：余土就地处理，场地清理→土地整治→碎石覆盖

1、施工完成后应对施工区域进行场地清理及土地整治。

2、在场地清理及土地整治后对塔基永久占地范围进行碎石覆盖，碎石粒径尽量均匀，覆盖厚度不小于5cm。

山丘区余土就地处理
塔基区水保方案，原状土基础，覆盖层薄

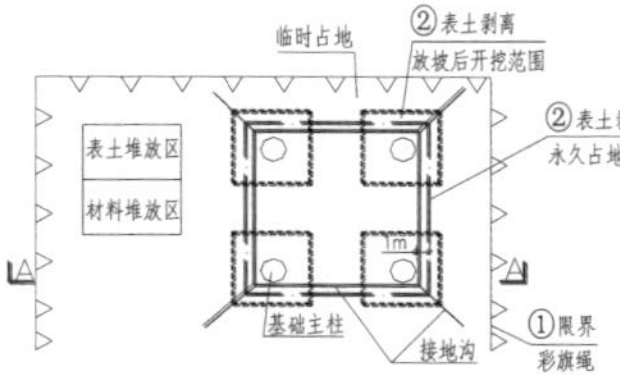

表土剥离、临时措施设计平面图

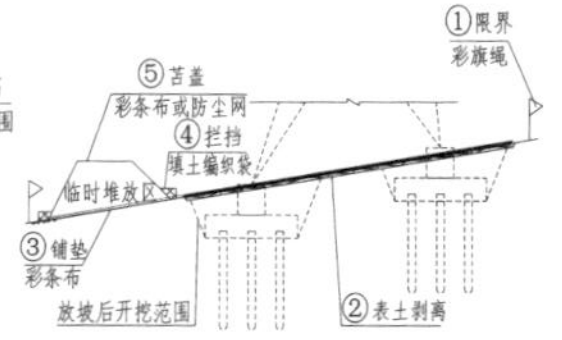

表土剥离、临时措施设计剖面图
A—A

场地准备阶段：限界→表土剥离→铺垫→拦挡→苫盖。

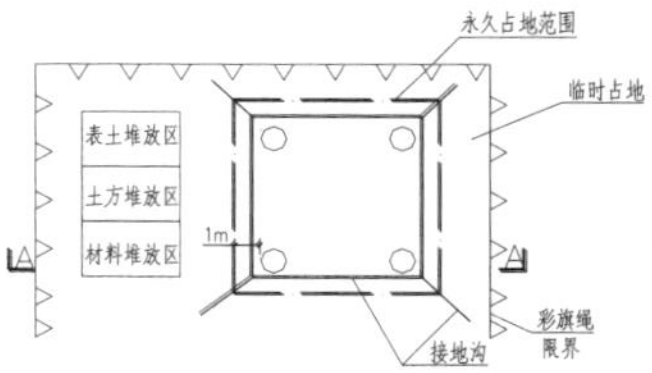

临时措施设计平面图

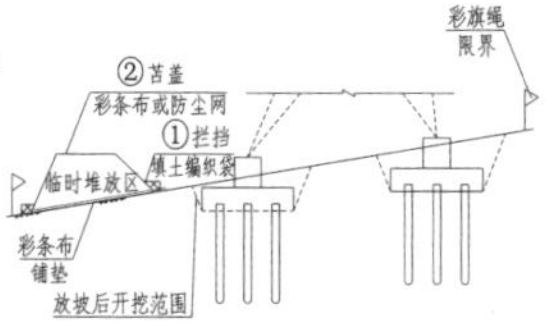

临时措施设计剖面图
A—A

施工阶段：拦挡→苫盖。

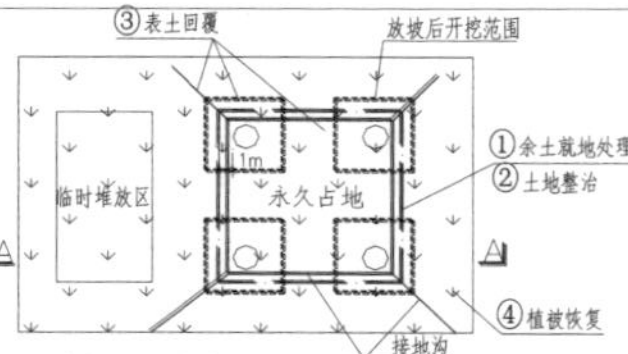

水保措施设计平面图（占用林地、草地、园地）

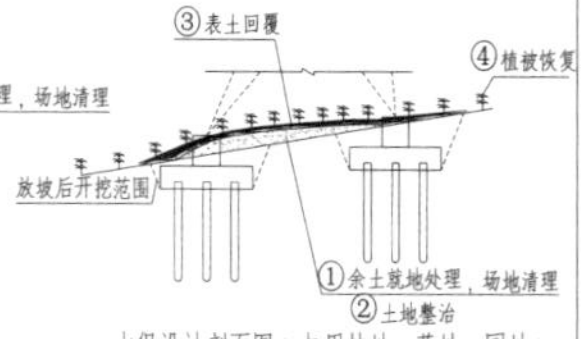

水保设计剖面图（占用林地、草地、园地）
A—A

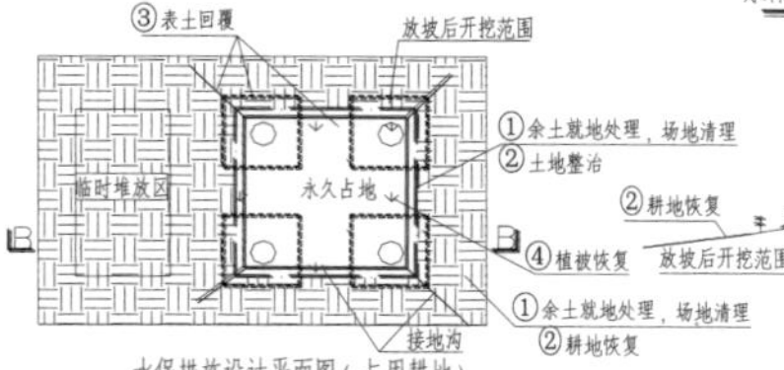

水保措施设计平面图（占用耕地）

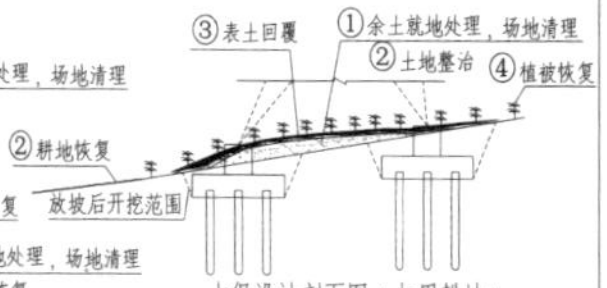

水保设计剖面图（占用耕地）
B—B

场地恢复阶段：余土就地处理，场地清理→土地整治（或耕地恢复）→表土回覆→植被恢复。

场地准备阶段：限界→表土剥离→铺垫→拦挡→苫盖

1、限界范围由施工所需场地确定，可根据现场实际地形调整，不宜超过临时占地及永久占地面积之和，且应设置三面，限界常采用彩旗绳。

2、基坑开挖前应进行表土人工剥离，剥离厚度根据塔位实际情况确定。

3、线路塔基区需在材料堆放区、土方堆放区底部应进行铺设防护，常采用彩条布。

4、材料堆放区、土方堆放区、表土堆放区顶部及四周苫盖，周围用填土编织袋压实，苫盖可选用彩条布或防尘网。

5、材料堆放区、土方堆放区、表土堆放区应根据地形和施工实际需求调整设置。

6、接地沟开挖前应进行表土人工剥离，剥离厚度及剥离范围根据塔位实际情况确定。

施工阶段：拦挡→苫盖

1、基坑开挖过程中的余土堆放于临时堆存区时应在顶部及四周苫盖，周围用填土编织袋压实，苫盖可选用彩条布或防尘网。

2、基础施工完成后及时按图纸要求对余土进行处理，避免长时间堆放于临时堆存区。

3、接地沟开挖范围及要求根据塔位实际接地配置情况确定。

4、图中基础外形仅为示意，具体承台布置型式以施工图纸为准。

场地恢复阶段：余土就地处理，场地清理→土地整治（或耕地恢复）→表土回覆→植被恢复

1、余土采用就地处理的方式，就地处理范围为塔基永久占地范围。

2、工程使用时按塔位所在区域占地情况，采用相对应的植物措施。

3、采取全面场地清理和土地整治，范围为整个塔基施工区域。

4、土地整治结束后，对永久占地范围及接地沟开挖范围区域进行表土回覆。

5、当塔基位于林地、草地、园地时，对永久占地和临时占地区域撒播草籽；当塔基位于耕地时，对永久占地区域撒播草籽，临时占地区进行耕地恢复；当塔基位于园地、林地时，塔基区临时占地范围内除撒播草籽外还需栽植灌木，栽植面积按原场地灌木覆盖情况考虑。

6、植被恢复时草籽优先选取1～2种乡土草种等比例混播，草种质量、撒播密度等满足相关要求。

山丘区余土就地处理	
塔基区水保方案　原状土基础（带承台）	覆盖层厚

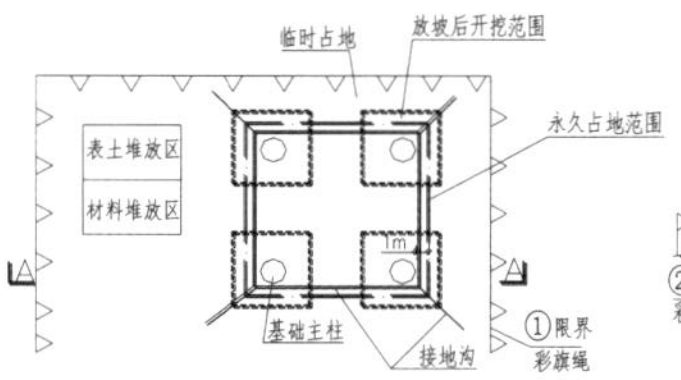

临时措施设计平面图

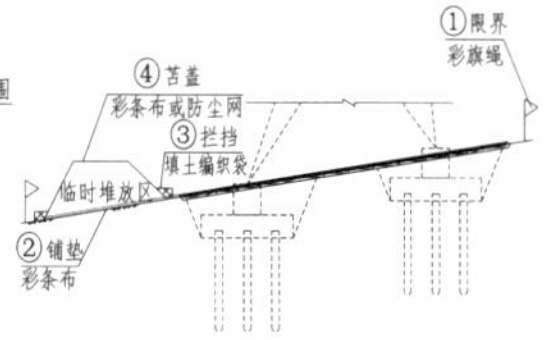

临时措施设计剖面图
A—A

场地准备阶段：限界→铺垫→拦挡→苫盖。

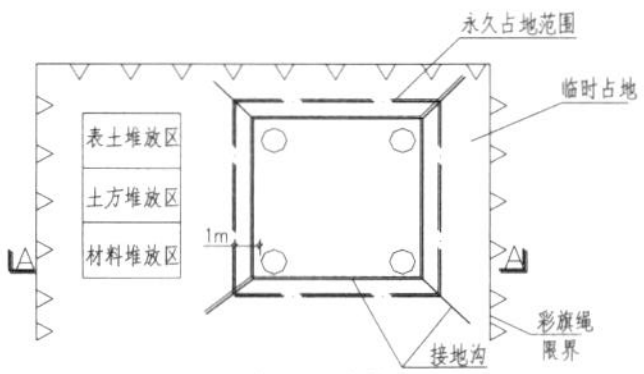

临时措施设计平面图

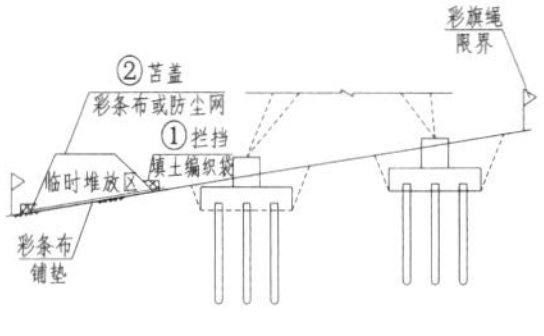

临时措施设计剖面图
A—A

施工阶段：拦挡→苫盖。

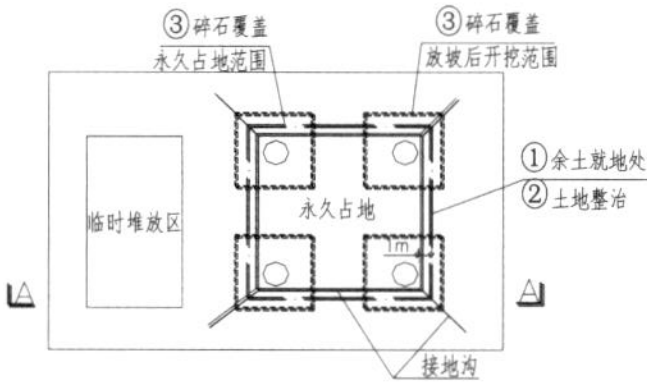

水保措施设计平面图

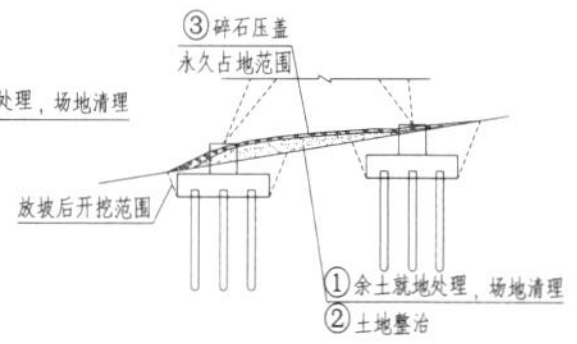

水保设计剖面图
A—A

场地恢复阶段：余土就地处理，场地清理→土地整治→碎石覆盖。

场地准备阶段：限界→铺垫→拦挡→苫盖

1、限界范围由施工所需场地确定，可根据现场实际地形调整，不宜超过临时占地及永久占地面积之和，且应设置三面，限界常采用彩旗绳。

2、线路塔基区需在材料堆放区、土方堆放区底部应进行铺设防护，常采用彩条布。

3、材料堆放区、土方堆放区、表土堆放区顶部及四周苫盖，周围用填土编织袋压实，苫盖可选用彩条布或防尘网。

4、材料堆放区、土方堆放区、表土堆放区应根据地形和施工实际需求调整设置。

施工阶段：拦挡→苫盖

1、基坑开挖过程中的余土堆放于临时堆存区时应在顶部及四周苫盖，周围用填土编织袋压实，苫盖可选用彩条布或防尘网。

2、基础施工完成后及时按图纸要求对余土进行处理，避免长时间堆放于临时堆存区。

3、接地沟开挖范围及要求根据塔位实际接地配置情况确定。

4、图中基础外形仅为示意，具体以施工图纸为准。

场地恢复阶段：余土就地处理，场地清理→土地整治→碎石覆盖

1、施工完成后应对施工区域进行场地清理及土地整治。

2、在场地清理及土地整治后对塔基永久占地范围及放坡后开挖范围进行碎石覆盖，碎石粒径尽量均匀，覆盖厚度不小于5cm。

山丘区余土就地处理
塔基区水保方案，原状土基础（带承台），覆盖层薄

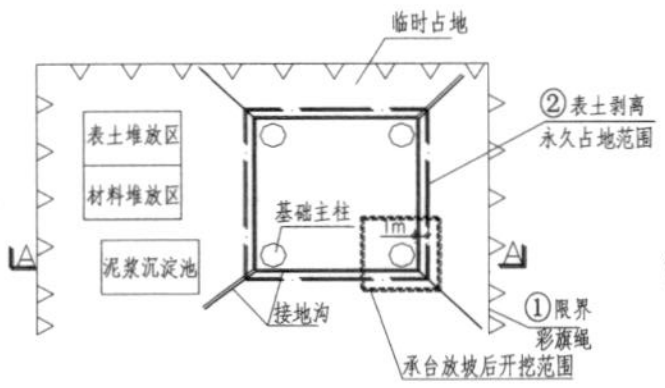

表土剥离、临时措施设计平面图

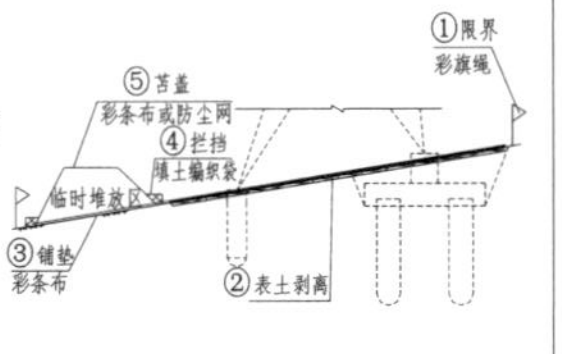

表土剥离、临时措施设计剖面图
A—A

场地准备阶段：限界→表土剥离→铺垫→拦挡→苫盖。

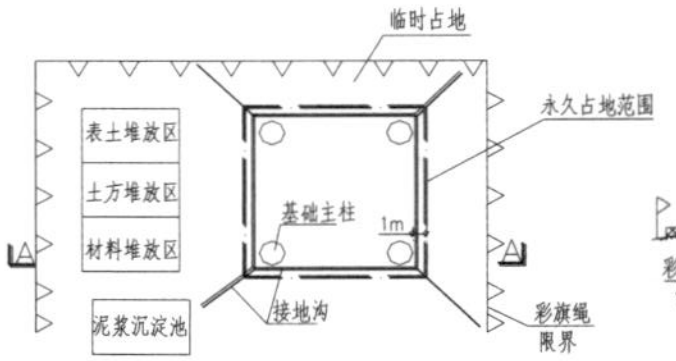

临时措施设计平面图

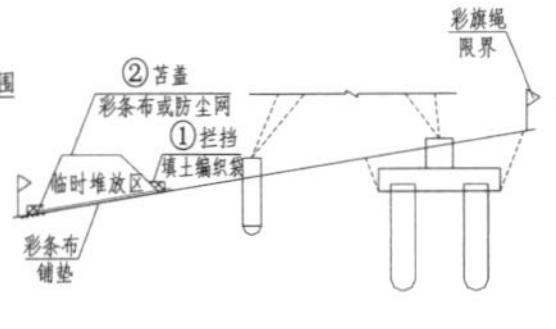

临时措施设计剖面图
A—A

施工阶段：拦挡→苫盖。

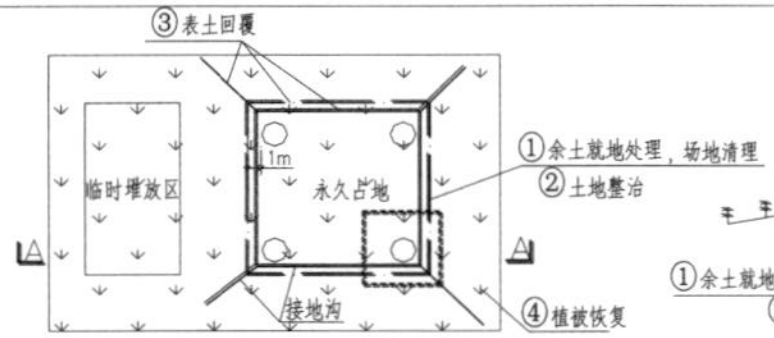

水保措施设计平面图（占用林地、草地、园地）

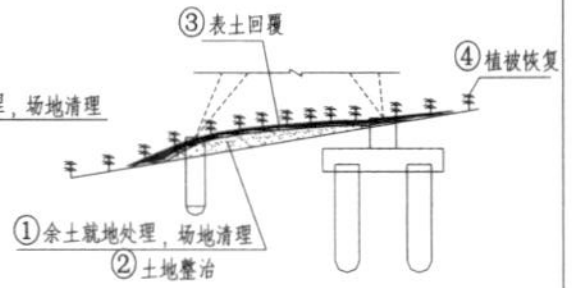

水保设计剖面图（占用林地、草地、园地）
A—A

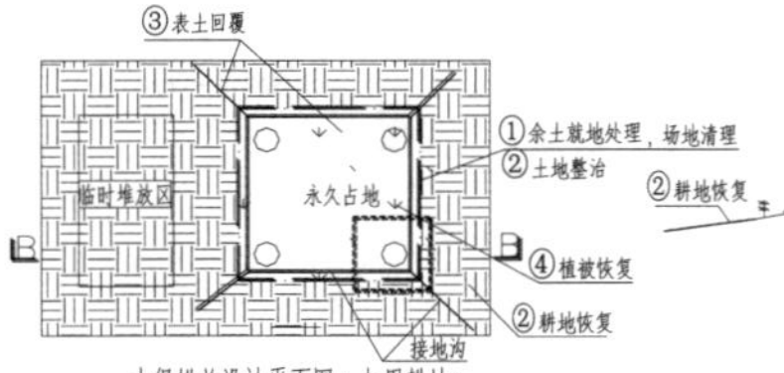

水保措施设计平面图（占用耕地）

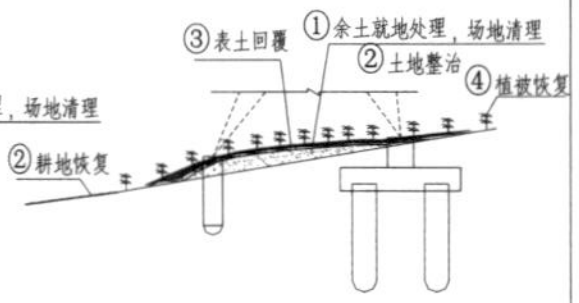

水保设计剖面图（占用耕地）
B—B

场地恢复阶段：余土就地处理，场地清理→土地整治（或耕地恢复）→表土回覆→植被恢复。

场地准备阶段：限界→表土剥离→铺垫→拦挡→苫盖

1、限界范围由施工所需场地确定，可根据现场实际地形调整，不宜超过临时占地及永久占地面积之和，且应设置三面，限界常采用彩旗绳。

2、基坑开挖前应进行表土人工剥离，剥离厚度根据塔位实际情况确定。

3、线路塔基区需在材料堆放区、土方堆放区底部应进行铺设防护，常采用彩条布。

4、材料堆放区、土方堆放区、表土堆放区顶部及四周苫盖，周围用填土编织袋压实，苫盖可选用彩条布或防尘网。

5、材料堆放区、土方堆放区、表土堆放区应根据地形和施工实际需求调整设置。

6、接地沟开挖前应进行表土人工剥离，剥离厚度及剥离范围根据塔位实际情况确定。

施工阶段：拦挡→苫盖

1、图中泥浆沉淀池的位置为示意，实际施工时设置位置及数量以满足施工相关要求为准。

2、基坑开挖过程中的余土堆放于临时堆存区时应在顶部及四周苫盖，周围用填土编织袋压实，苫盖可选用彩条布或防尘网。

3、基础施工完成后及时按图纸要求对余土进行处理，避免长时间堆放于临时堆存区。

4、图中接地沟为示意，施工时接地沟开挖范围及要求根据塔位实际接地配置情况及相关要求确定。

5、图中基础外形仅为示意，灌注桩型式包含单桩和多桩承台，具体以施工图纸为准。

场地恢复阶段：余土就地处理，场地清理→土地整治（或耕地恢复）→表土回覆→植被恢复

1、余土（不含泥浆）采用就地处理的方式，就地处理范围为塔基永久占地范围。

2、工程使用时按塔位所在区域占地情况，采用相对应的植物措施。

3、采取全面场地清理和土地整治，范围为整个塔基施工区域。

4、土地整治结束后，对永久占地范围及接地沟开挖范围区域进行表土回覆。

5、当塔基位于林地、草地、园地时，对永久占地和临时占地区域撒播草籽；当塔基位于耕地时，对永久占地区域撒播草籽，临时占地区进行耕地恢复；当塔基位于园地、林地时，塔基区临时占地范围内除撒播草籽外还需栽植灌木，栽植面积按原场地灌木覆盖情况考虑。

6、植被恢复时草籽优先选取1～2种乡土草种等比例混播，草种质量、撒播密度等满足相关要求。

山丘区余土就地处理
塔基区水保方案，灌注桩基础，覆盖层厚

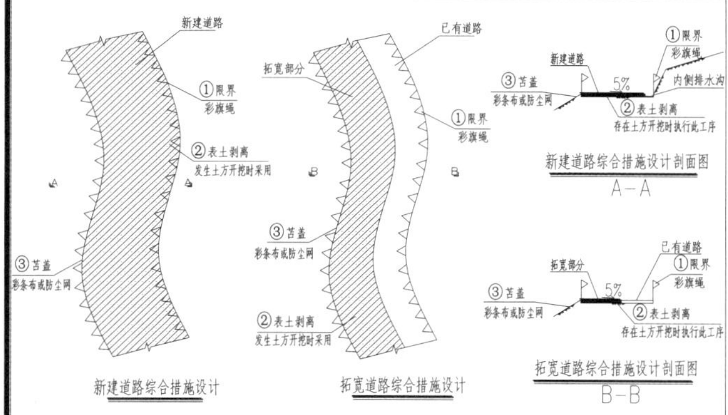

场地准备阶段：限界→表土剥离→苫盖。

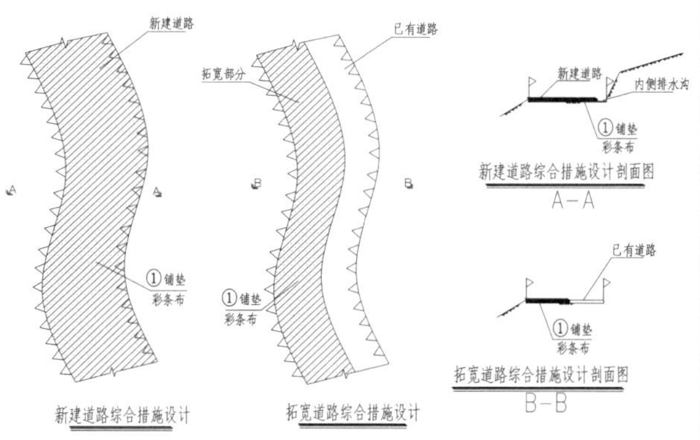

场地使用：铺垫。

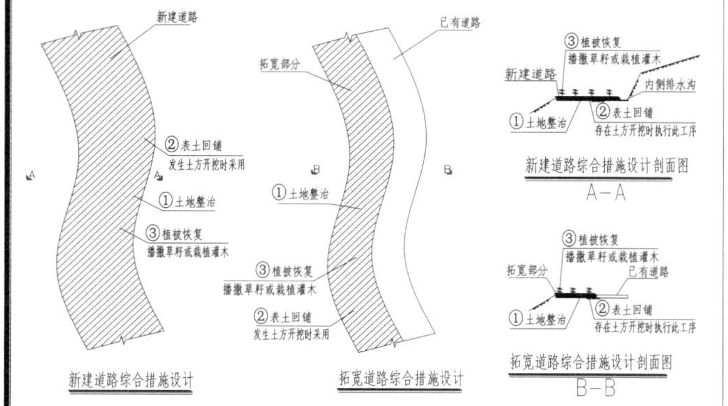

场地恢复阶段：土地整治→表土回覆→植被恢复（播撒草籽或栽植灌木）。

场地准备阶段：限界→表土剥离→苫盖

1、限界设置在道路两侧，限定道路范围，限界常采用彩旗绳。

2、施工道路无法避免土方开挖时，应在开挖之前对表土进行剥离，剥离厚度根据实际情况确定；剥离后常采用彩条布进行隔离防护。

3、在施工道路外坡侧进行苫盖。

4、施工道路的宽度由施工机具确定，道路的标准根据现场机械要求及相关公路规程规范。

场地使用：铺垫

1、施工道路尽量利用当地已有道路，尽量避免新建施工道路。

2、施工过程中需严格控制施工场地范围，不占用植被相对良好的区域和基本农田。

3、为了防止施工机具对表土的破坏，应在施工道路上进行铺垫。

4、道路施工时需在道路内侧设置排水沟（排水沟按相关要求设置消能池等），同时设置一定坡度的散水（一般为5%）以满足道路排水需要。

场地恢复阶段：土地整治→表土回覆→植被恢复（播撒草籽或栽植灌木）

1、施工完后应对道路区进行清理及土地整治，平整时应结合地形、地貌适当处理。

2、如有表土剥离，应在土地整治完成后进行表土回覆。

3、施工结束后应对土地整治区域进行植被恢复，可采用撒播草籽、栽植灌木（根据现场实际植被情况采用）进行植被恢复，草籽优先选取1～2种乡土草种等比例混播，草种质量、撒播密度等满足相关要求。

山丘区余土就地处理
道路区水保方案

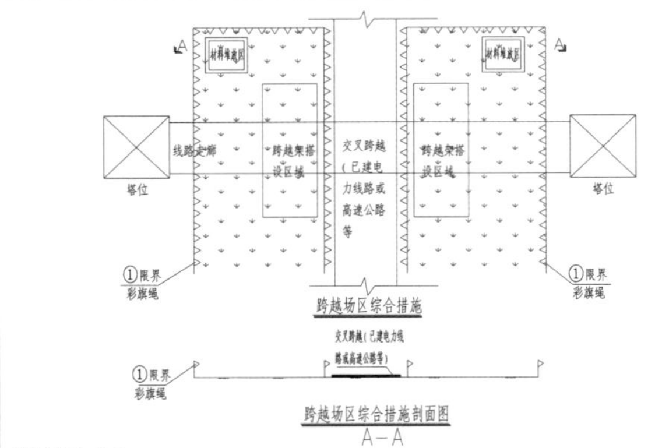

场地准备阶段：限界。

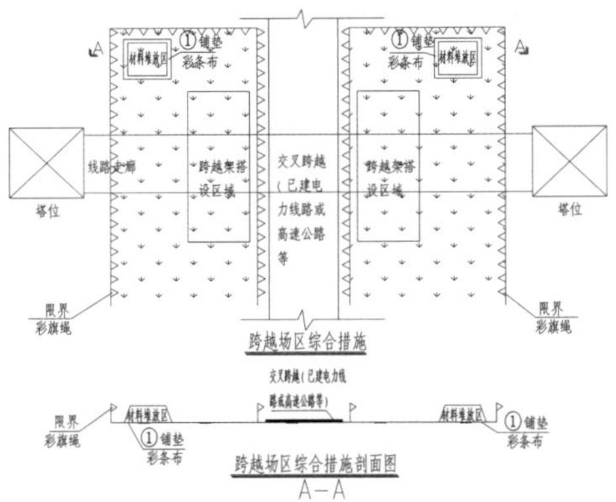

场地使用：铺垫。

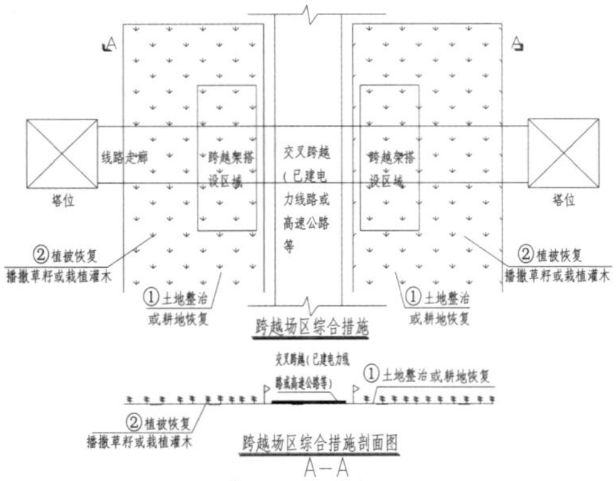

场地恢复阶段：土地整治（或耕地恢复）→植被恢复（播撒草籽或栽植灌木）。

场地准备阶段：限界

1、限界范围由施工所需场地确定，可根据现场实际地形调整，且应设置三面，限界常采用彩旗绳。

2、材料堆放区应根据地形和施工实际需求调整设置。

场地使用：铺垫

1、为了防止施工机具对表土的破坏，应在施工道路上进行铺垫。

场地恢复阶段：土地整治（或耕地恢复）→植被恢复（播撒草籽或栽植灌木）

1、跨越场在施工完毕后应进行场地清理及土地整治或耕地恢复等措施。

2、施工结束后应对土地整治区域进行植被恢复，可采用播撒草籽、栽植灌木（根据现场实际植被情况采用）进行植被恢复，草籽优先选取1～2种乡土草种等比例混播，草种质量、撒播密度等满足相关要求。

山丘区余土就地处理
跨越场区水保方案

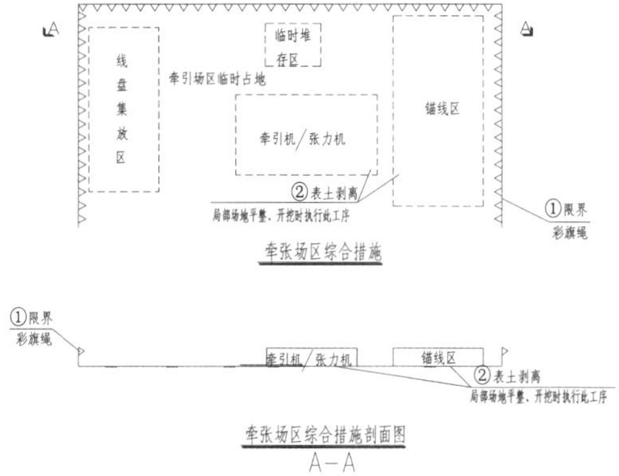

场地准备阶段：限界→表土剥离。

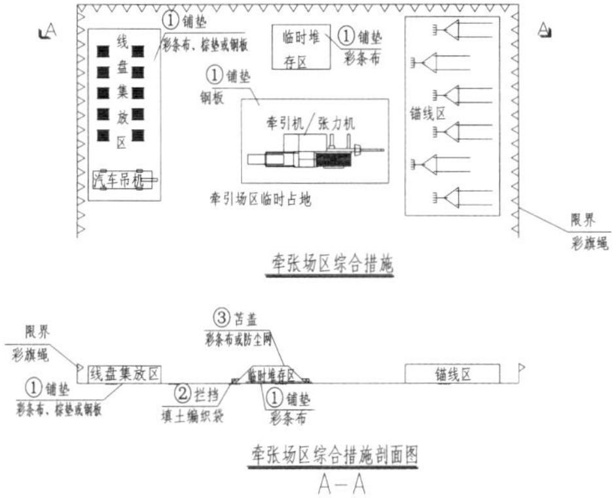

场地使用：铺垫→拦挡→苫盖。

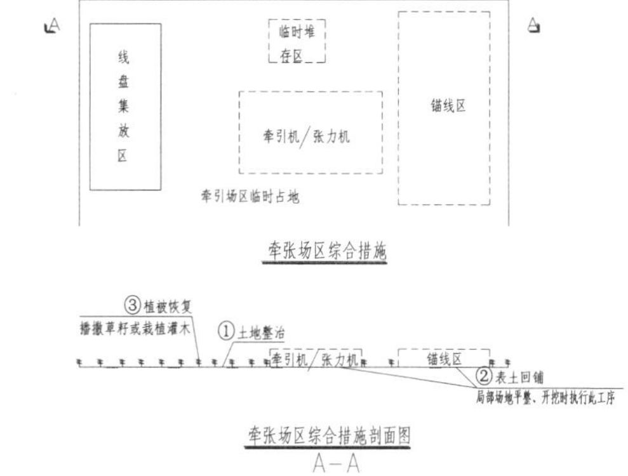

场地恢复阶段：土地整治（或耕地恢复）→表土回覆→植被恢复（播撒草籽或栽植灌木）。

场地准备阶段：限界→表土剥离

1、限界范围由施工所需场地确定，可根据现场实际地形调整，且应设置三面，限界常采用彩旗绳。

2、尽量减少局部平整或土方开挖，确需对牵张设备安置处场地局部平整或土方开挖时，应在开挖之前对表土进行剥离，常采用彩条布进行隔离防护。

场地使用：铺垫→拦挡→苫盖

1、为了防止施工机具对表土的破坏，应对线盘堆放区、临时堆存区等进行铺垫，在施工机械底部铺设钢板进行临时防护。对于环境敏感区、生态脆弱区，应视情况在整个牵张场范围内铺设钢板或棕垫进行隔离保护。

2、牵张场临时堆存区顶部及四周苫盖，周围用填土编织袋压盖，苫盖可选用彩条布或防尘网。

3、线盘堆放区、临时堆存区、设备安置区等应根据地形和施工实际需求调整设置。

场地恢复阶段：土地整治（或耕地恢复）→表土回覆→植被恢复（播撒草籽或栽植灌木）

1、跨越场在施工完毕后应进行场地清理、土地整治等措施。

2、如有表土剥离，应在场地清理后进行表土回覆。

3、施工结束后应对土地整治区域进行植被恢复，可采用撒播草籽进行植被恢复，草籽优先选取1～2种乡土草种等比例混播，草种质量、撒播密度等满足相关要求，原占地类型为林地的需栽植灌木，灌木种类优先选择乡土树种，栽植密度、苗木质量满足相关要求。

山丘区余土就地处理
牵张场区水保方案

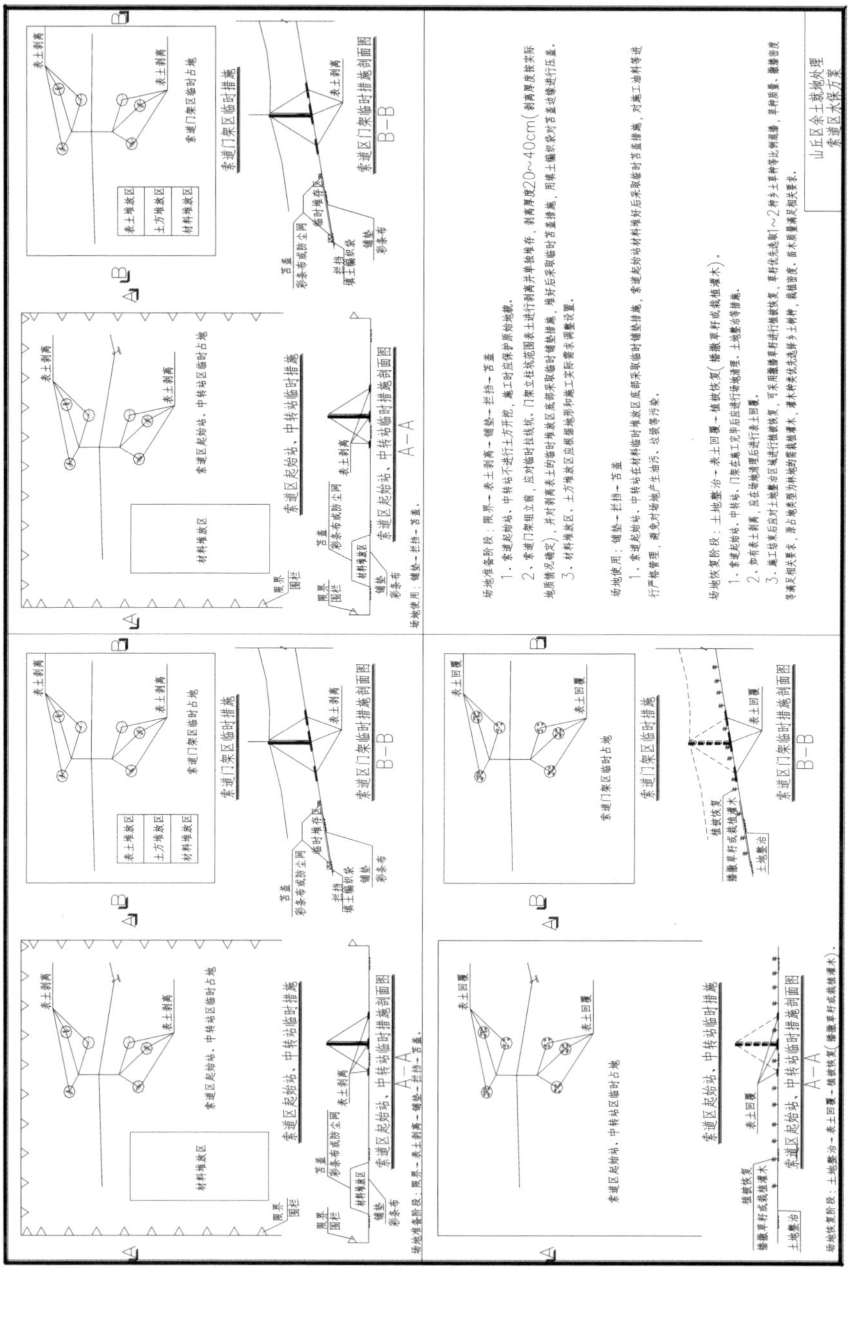

索道区起始站、中转站区临时占地
材料堆放区
表土剥离
限界
围栏
索道区起始站、中转站临时措施
苫盖
彩条布或防尘网
材料堆放区
铺垫
彩条布
索道区起始站、中转站临时措施剖面图
A—A
场地准备阶段：限界→表土剥离→铺垫→拦挡→苫盖。
表土堆放区
土方堆放区
材料堆放区
索道门架区临时占地
索道门架区临时措施
临时堆存区
拦挡
填土编织袋
索道区门架临时措施剖面图
B—B
场地使用：铺垫→拦挡→苫盖。
表土回覆
植被恢复
播撒草籽或栽植灌木
土地整治
场地恢复阶段：土地整治→表土回覆→植被恢复(播撒草籽或栽植灌木)。
场地准备阶段：限界→表土剥离→铺垫→拦挡→苫盖
1、索道起始站、中转站不进行土方开挖，施工时应保护原始地貌。
2、索道门架组立前，应对临时拉线坑、门架立柱坑范围表土进行剥离并单独堆存，剥离厚度20~40cm(剥离厚度按实际地质情况确定)，并对剥离表土的临时堆放区底部采取临时铺垫措施，堆好后采取临时苫盖措施，用填土编织袋对苫盖边缘进行压盖。
3、材料堆放区、土方堆放区应根据地形和施工实际需求调整设置。
场地使用：铺垫→拦挡→苫盖
1、索道起始站、中转站在材料临时堆放区底部采取临时铺垫措施，索道起始站材料堆好后采取临时苫盖措施，对施工油料等进行严格管理，避免对场地产生油污、垃圾等污染。
场地恢复阶段：土地整治→表土回覆→植被恢复(播撒草籽或栽植灌木)。
1、索道起始站、中转站、门架在施工完毕后应进行场地清理、土地整治等措施。
2、如有表土剥离，应在场地清理后进行表土回覆。
3、施工结束后应对土地整治区域进行植被恢复，可采用撒播草籽进行植被恢复，草籽优先选取1~2种乡土草种等比例混播，草种质量、撒播密度等满足相关要求，原占地类型为林地的需栽植灌木，灌木种类优先选择乡土树种，栽植密度、苗木质量满足相关要求。
山丘区余土就地处理
索道区水保方案

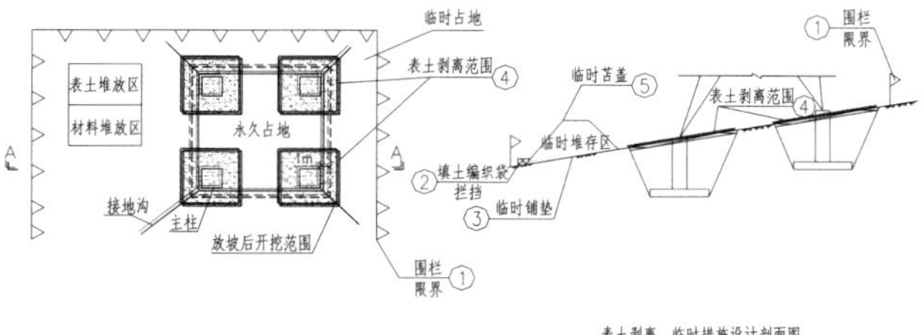

临时措施设计平面图（余土外运）

表土剥离、临时措施设计剖面图

A—A

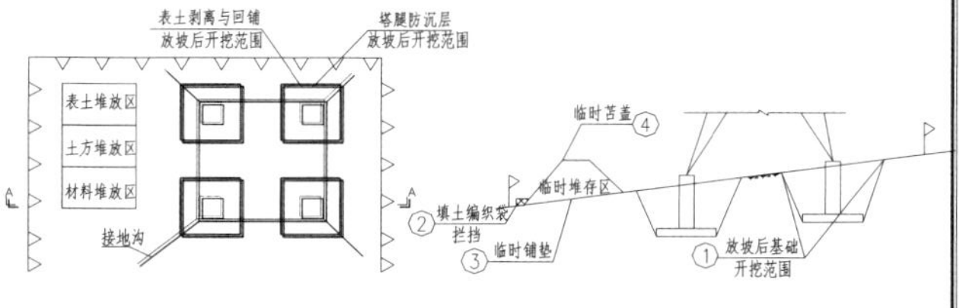

水保设计平面图（余土外运综合处理、大开挖基础）

水保设计剖面图（余土外运综合处理、大开挖基础）

A—A

场地准备阶段：限界、拦挡、铺设防护、表土剥离、苫盖。

施工阶段：基础开挖、拦挡、铺设防护、余土临时堆存、苫盖、余土外运处理。

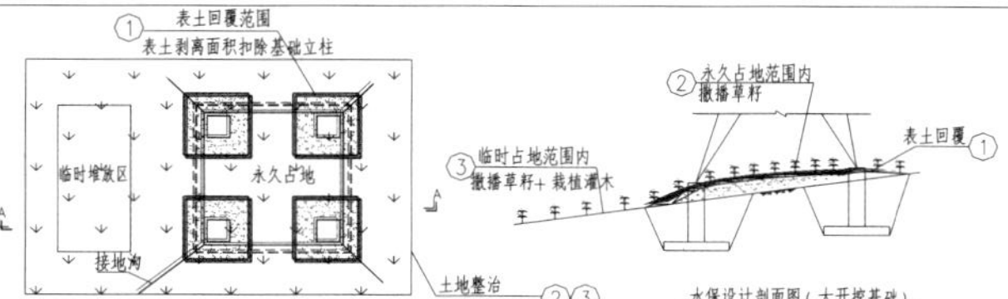

植被措施设计平面图（大开挖基础，占用林草地）

水保设计剖面图（大开挖基础）

A—A

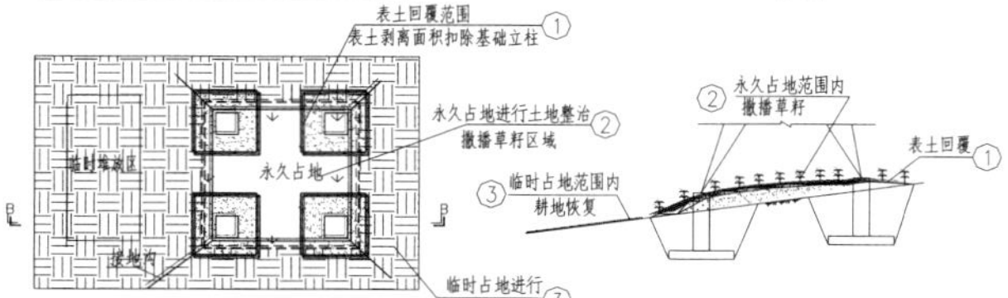

植被措施设计平面图（大开挖基础，占用耕地园地）

场地恢复阶段：表土回覆、土地整治/耕地恢复、播撒草籽（栽植灌木）。

场地准备阶段措施流程：限界→拦挡→铺设防护→表土剥离→苫盖

1、基础施工前，在临时场地外设置限界措施，严格限制施工机械和人员活动范围；对基坑开挖扰动及接地沟开槽范围内的表土进行剥离，单独堆存，剥离厚度20～40cm（剥离厚度按实际地质情况确定），并在剥离的表土堆放区边界先用填土编织袋设置拦挡，底部采取临时铺垫措施，堆好后采取临时苫盖措施。

2、限界范围由施工所需场地确定，可根据现场实际地形调整，不宜超过临时占地及永久占地面积之和，且应设置三面，限界常采用彩旗绳。

3、材料堆放区、土方堆放区、表土堆放区应根据地形和施工实际需求调整设置。

施工阶段措施流程：基础开挖→拦挡→铺设防护→余土临时堆存→苫盖→余土外运处理

1、基础施工时，先用填土编织袋在堆土区边界设置临时拦挡，余土底部采取临时铺垫措施，堆好后采取临时苫盖措施。

2、基坑回填夯实后，应将余土在塔腿处垫高整平，设置防沉层，其范围为基坑放坡后开挖范围。

3、接地沟开挖范围及要求根据塔位实际接地配置情况确定。

场地恢复阶段措施流程：表土回覆→土地整治/耕地恢复→播撒草籽（栽植灌木）

1、应在场地清理后进行表土回覆、土地整治、耕地恢复。

2、施工结束后，在适宜季节撒播草籽恢复植被（具体种类、抚育管理要求等见水保专项设计）。

山丘区余土外运
塔基区水保方案，大开挖基础，覆盖层厚

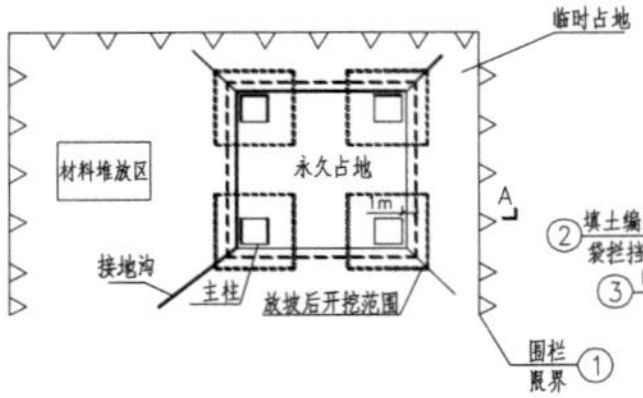

临时措施设计平面图（余土外运）

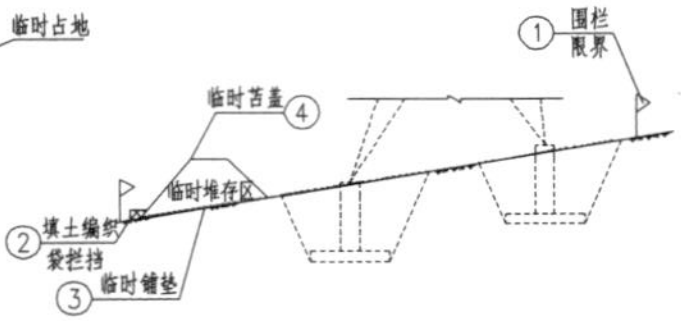

表土剥离、临时措施设计剖面图

A—A

场地准备阶段：限界、拦挡、铺设防护、苫盖。

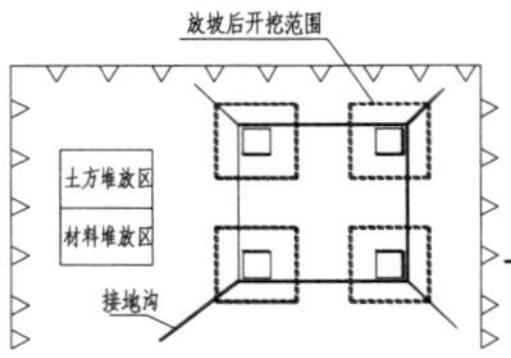

水保设计平面图（余土外运综合处理、大开挖基础）

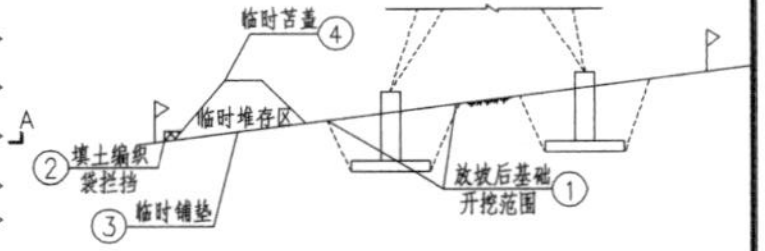

水保设计剖面图（余土外运综合处理、大开挖基础）

A—A

施工阶段：拦挡、铺设防护、基础开挖、余土临时堆存、苫盖、余土外运处理。

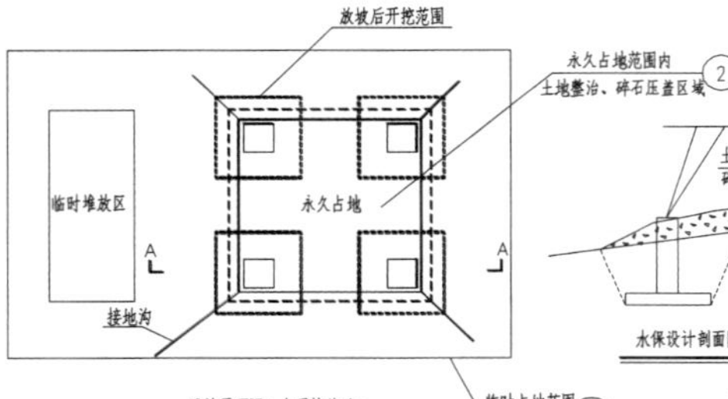

设计平面图（大开挖基础）

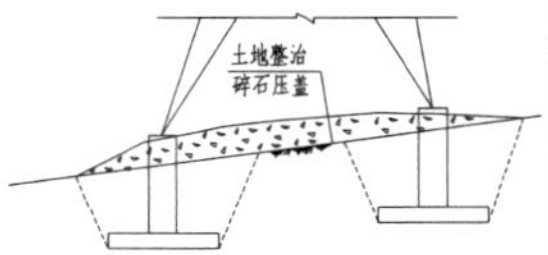

水保设计剖面图（大开挖基础）

A—A

场地恢复阶段：土地整治、碎石压盖。

场地准备阶段措施流程：限界→拦挡→铺设防护→苫盖

1、基础施工前，在临时场地外设置限界措施，严格限制施工机械和人员活动范围；塔基区需在材料堆放区、土方堆放区先用填土编织袋设置拦挡，底部采取临时铺垫措施，堆好后采取临时苫盖措施。

2、限界范围由施工所需场地确定，可根据现场实际地形调整，不宜超过临时占地及永久占地面积之和，且应设置三面，限界常采用彩旗绳。

3、材料堆放区、土方堆放区应根据地形和施工实际需求调整设置。

施工阶段措施流程：拦挡→铺设防护→基础开挖→余土临时堆存→苫盖→余土外运处理

1、基础施工时，先用填土编织袋在堆土区边界设置临时拦挡，余土底部采取临时铺垫措施，堆好后采取临时苫盖措施。

2、基坑回填夯实后，应将余土在塔腿处垫高整平，设置防沉层，其范围为基坑放坡后开挖范围。

3、接地沟开挖范围及要求根据塔位实际接地配置情况确定。

场地恢复阶段：土地整治→碎石压盖

1、应在场地清理后进行土地整治。

2、施工结束后，在塔基永久占地范围内进行碎石压盖。

山丘区余土外运
塔基区水保方案 大开挖基础，覆盖层薄

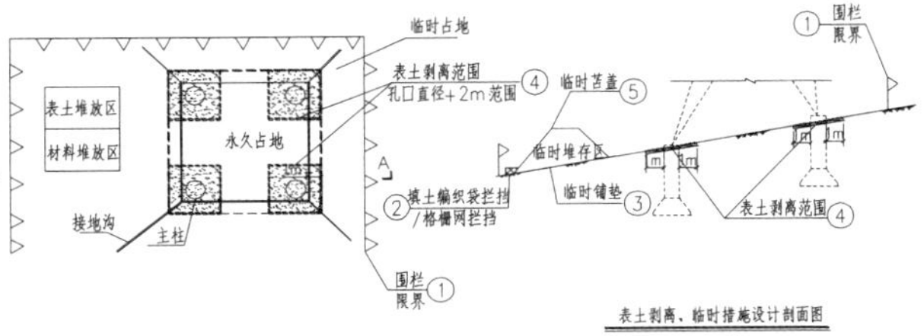

临时措施设计平面图（余土外运）

表土剥离、临时措施设计剖面图

场地准备阶段：限界、拦挡、铺设防护、表土剥离、苫盖。

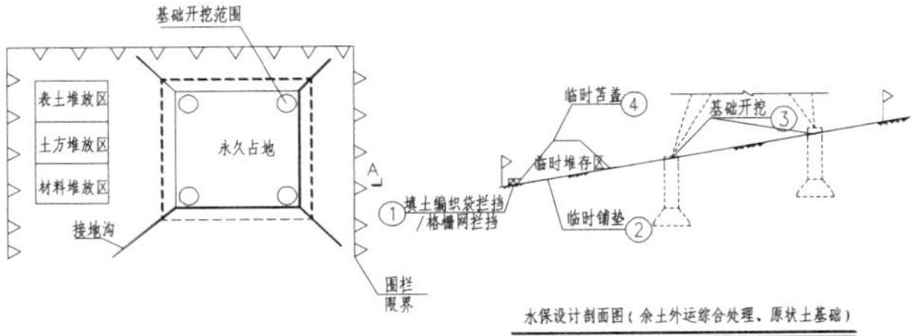

水保设计平面图（余土外运综合处理、原状土基础）

水保设计剖面图（余土外运综合处理、原状土基础）

施工阶段：拦挡、铺设防护、基础开挖、余土临时堆存、苫盖、余土外运处理。

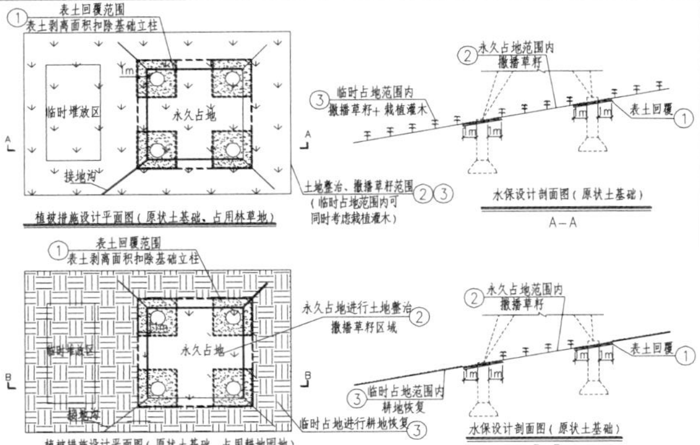

植被措施设计平面图（原状土基础、占用林草地）

水保设计剖面图（原状土基础）

植被措施设计平面图（原状土基础、占用耕地园地）

水保设计剖面图（原状土基础）

场地恢复阶段：表土回覆、土地整治/耕地恢复、播撒草籽（栽植灌木）。

场地准备阶段措施流程：限界→拦挡→铺设防护→表土剥离→苫盖：

1、基础施工前，在临时场地外设置限界措施，严格限制施工机械和人员活动范围。

2、对基坑开挖扰动及接地沟开槽范围内的表土进行剥离，单独堆存，剥离厚度20～40cm（剥离厚度按实际地质情况确定），当坡度小于25°时在剥离的表土堆放区边界先用填土编织袋设置拦挡（采用麻袋或其他质量较好的装袋），当坡度大于25°时在剥离的表土堆放区下边坡2m范围内，先布设格栅网（施工单位可根据现场实际情况选择钢丝网、网绳、木板等材料），高度宜控制在2m以下。底部采取临时铺垫措施，堆好后采取临时苫盖措施。

2、限界范围由施工所需场地确定，可根据现场实际地形调整，不宜超过临时占地及永久占地面积之和，且应设置三面，限界常采用彩旗绳。

3、材料堆放区、土方堆放区、表土堆放区应根据地形和施工实际需求调整设置。

施工阶段措施流程：拦挡→铺设防护→基础开挖→余土临时堆存→苫盖→余土外运处理

1、基础施工时，当坡度小于25°时先用填土编织袋在堆土区边界设置临时拦挡（采用麻袋或其他质量较好的装袋），当坡度大于25°时先布设格栅网（施工单位可根据现场实际情况选择钢丝网、网绳、木板等材料），高度宜控制在2m以下。余土底部采取临时铺垫措施，堆好后采取临时苫盖措施。

2、开挖余土应及时运走处理，不宜长时间堆放或者堆放量过大导致拦挡坍塌。

3、接地沟开挖范围及要求根据塔位实际接地配置情况确定。

场地恢复阶段措施流程：表土回覆→土地整治/耕地恢复→播撒草籽（栽植灌木）

1、应在场地清理后进行表土回覆、土地整治、耕地恢复。

2、施工结束后，在适宜季节撒播草籽恢复植被

山丘区余土外运
塔基区水保方案，原状土基础，覆盖层厚

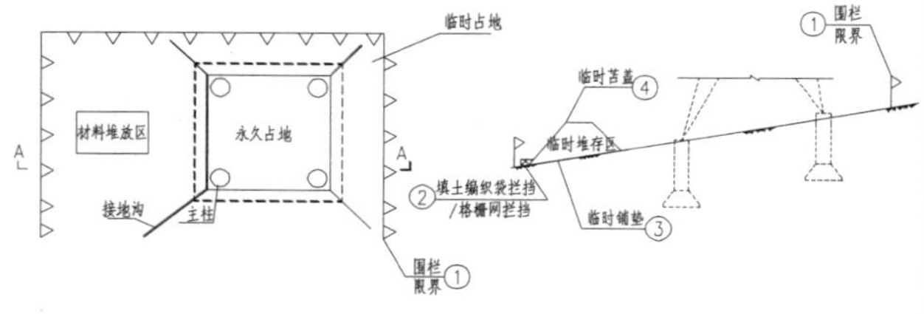

临时措施设计平面图（余土外运）

表土剥离、临时措施设计剖面图

A—A

场地准备阶段：限界、拦挡、铺设防护、苫盖。

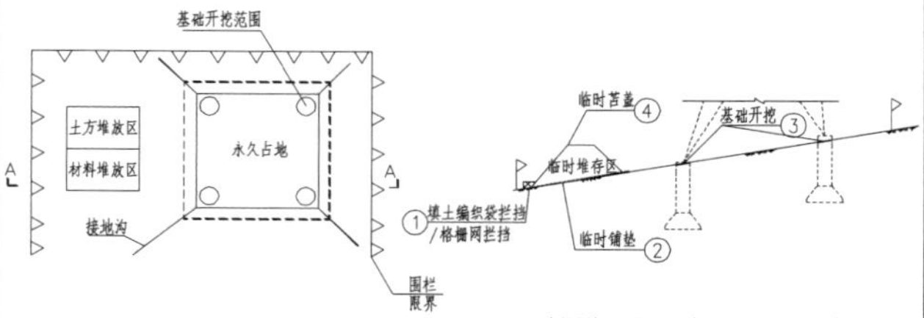

水保设计平面图（余土外运综合处理、原状土基础）

水保设计剖面图（余土外运综合处理、原状土基础）

A—A

施工阶段：拦挡、铺设防护、基础开挖、余土临时堆存、苫盖、余土外运处理。

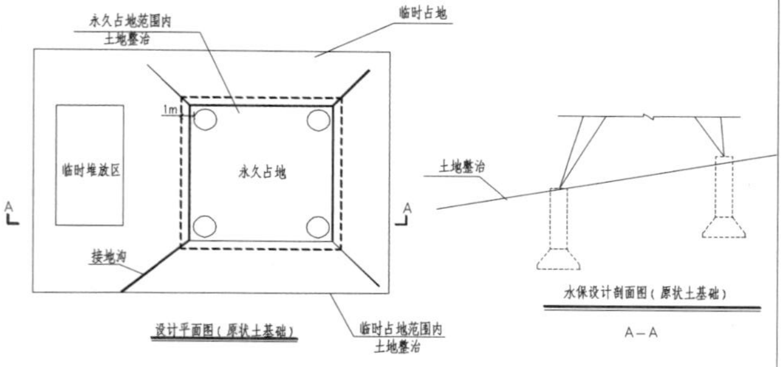

设计平面图（原状土基础）

水保设计剖面图（原状土基础）

A—A

场地恢复阶段：土地整治。

场地准备阶段措施流程：限界→拦挡→铺设防护→苫盖

1、基础施工前，在临时场地外设置限界措施，严格限制施工机械和人员活动范围。

2、当坡度小于25°时，塔基区需在临时堆存区下坡侧先用填土编织袋设置拦挡（采用麻袋或其他质量较好的装袋），坡度大于25°时，在临时堆存区下边坡2m范围内，先布设格栅网（施工单位可根据现场实际情况选择钢丝网、网绳、木板等材料），高度宜控制在2m以下。底部采取临时铺垫措施，堆好后采取临时苫盖措施。

2、限界范围由施工所需场地确定，可根据现场实际地形调整，不宜超过临时占地及永久占地面积之和，且应设置三面，限界常采用彩旗绳。

3、材料堆放区、土方堆放区应根据地形和施工实际需求调整设置。

施工阶段措施流程：拦挡→铺设防护→基础开挖→余土临时堆存→苫盖→余土外运处理

1、基础施工时，当坡度小于25°时，先用填土编织袋在堆土区边界设置临时拦挡（采用麻袋或其他质量较好的装袋），坡度大于25°时，先布设格栅网（施工单位可根据现场实际情况选择钢丝网、网绳、木板等材料），高度宜控制在2m以下。余土底部采取临时铺垫措施，堆好后采取临时苫盖措施。

2、开挖余土应及时运走处理，不宜长时间堆放或者堆放量过大导致拦挡坍塌。

3、接地沟开挖范围及要求根据塔位实际接地配置情况确定。

场地恢复阶段说明：

1、施工结束后，应在场地清理后进行土地整治。

山丘区余土外运

塔基区水保方案，原状土基础，覆盖层薄

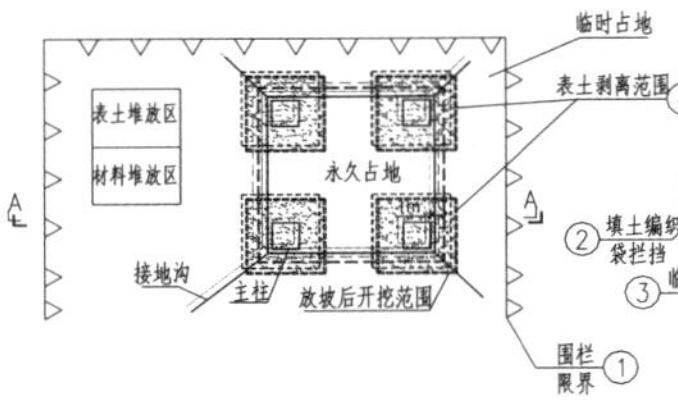

临时措施设计平面图（余土外运）

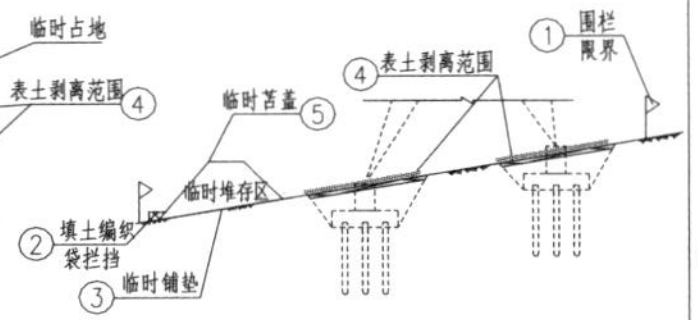

表土剥离、临时措施设计剖面图

A－A

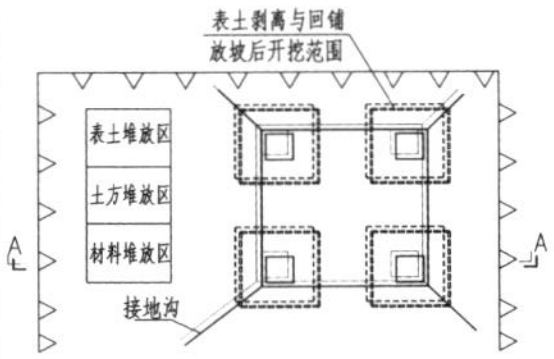

水保设计平面图（余土外运综合处理、承台基础）

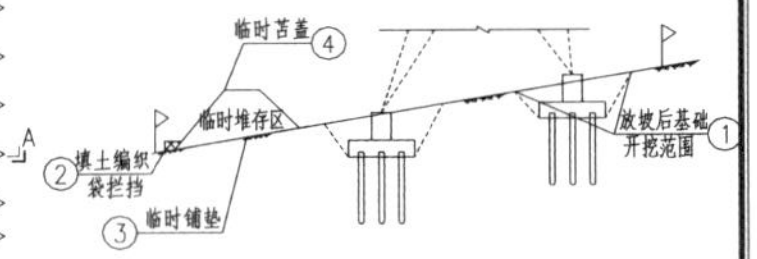

水保设计剖面图（余土外运综合处理、承台基础）

A－A

场地准备阶段：限界、拦挡、铺设防护、表土剥离、苫盖。

施工阶段：基础开挖、拦挡、铺设防护、余土临时堆存、苫盖、余土外运处理。

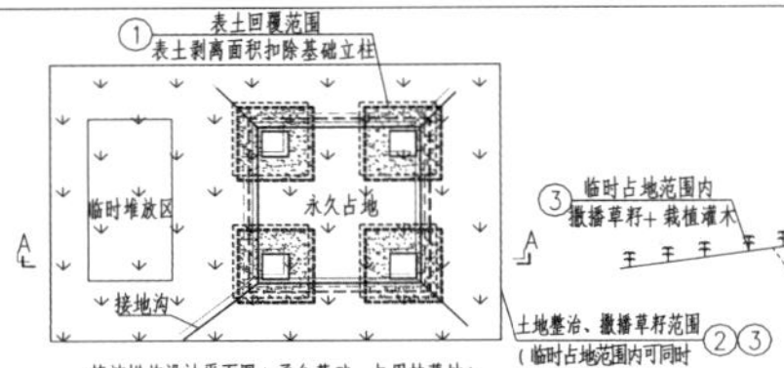

植被措施设计平面图（承台基础，占用林草地）

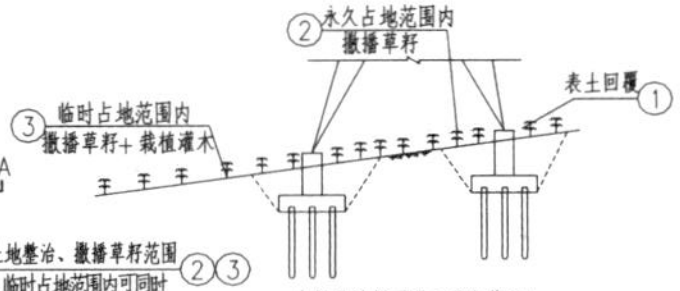

水保设计剖面图（承台基础）

A－A

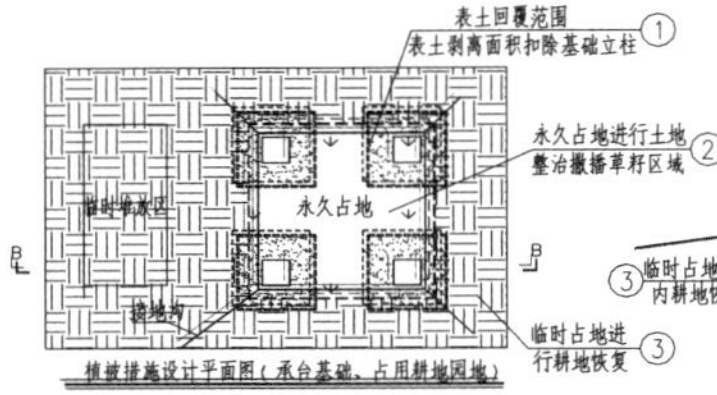

植被措施设计平面图（承台基础，占用耕地园地）

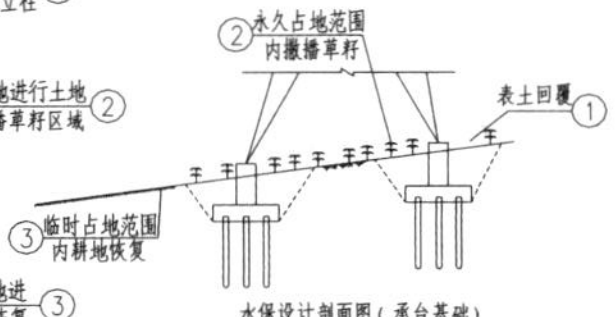

水保设计剖面图（承台基础）

B－B

场地恢复阶段：表土回覆、土地整治/耕地恢复、播撒草籽（栽植灌木）。

场地准备阶段措施流程：限界→拦挡→铺设防护→表土剥离→苫盖：

1、基础施工前，在临时场地外设置限界措施，严格限制施工机械和人员活动范围。

2、对基坑开挖扰动及接地沟开槽范围内的表土进行剥离，单独堆存，剥离厚度20～40cm（剥离厚度按实际地质情况确定），当坡度小于25°时在剥离的表土堆放区边界先用填土编织袋设置拦挡（采用麻袋或其他质量较好的装袋），当坡度大于25°时在剥离的表土堆放区下边坡2m范围内，先布设格栅网（施工单位可根据现场实际情况选择钢丝网、网绳、木板等材料），高度宜控制在2m以下。底部采取临时铺垫措施，堆好后采取临时苫盖措施。

3、限界范围由施工所需场地确定，可根据现场实际地形调整，不宜超过临时占地及永久占地面积之和，且应设置三面，限界常采用彩旗绳。

4、材料堆放区、土方堆放区、表土堆放区应根据地形和施工实际需求调整设置。

施工阶段措施流程：拦挡→铺设防护→基础开挖→余土临时堆存→苫盖→余土外运处理

1、基础施工时，当坡度小于25°时先用填土编织袋在堆土区边界设置临时拦挡（采用麻袋或其他质量较好的装袋），当坡度大于25°时先布设格栅网（施工单位可根据现场实际情况选择钢丝网、网绳、木板等材料），高度宜控制在2m以下。余土底部采取临时铺垫措施，堆好后采取临时苫盖措施。

2、开挖余土应及时运走处理，不宜长时间堆放或者堆放量过大导致拦挡坍塌。

3、接地沟开挖范围及要求根据塔位实际接地配置情况确定。

场地恢复阶段措施流程：表土回覆→土地整治/耕地恢复→播撒草籽（栽植灌木）

1、应在场地清理后进行表土回覆、土地整治、耕地恢复。

2、施工结束后，在适宜季节撒播草籽恢复植被。

山丘区余土外运，塔基区水保方案 原状土基础（带承台），覆盖层厚

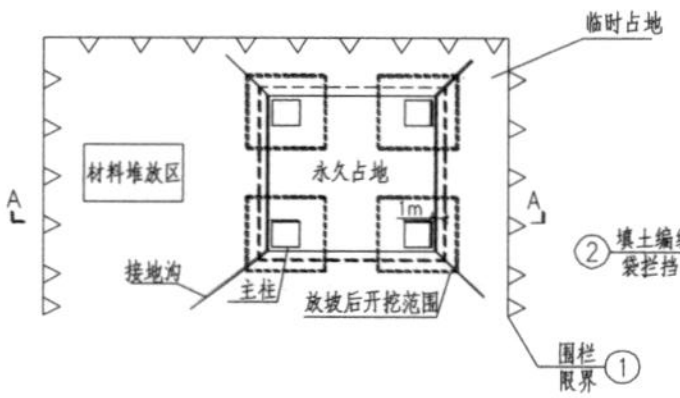

临时措施设计平面图（余土外运）

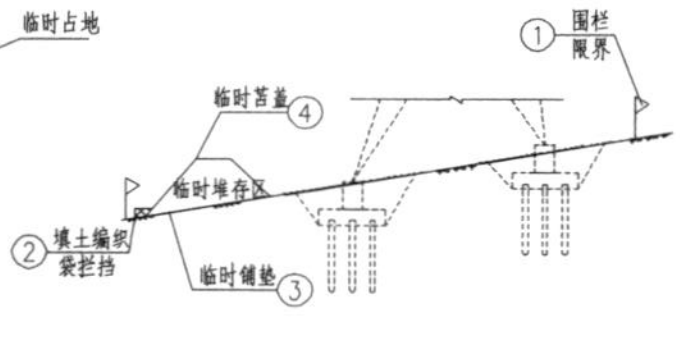

表土剥离、临时措施设计剖面图

A—A

场地准备阶段：限界、拦挡、铺设防护、苫盖。

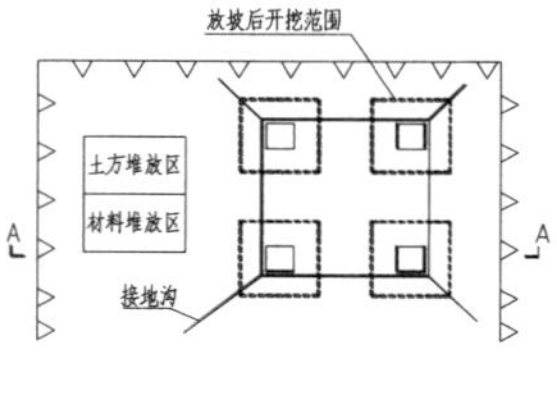

水保设计平面图（余土外运综合处理、承台基础）

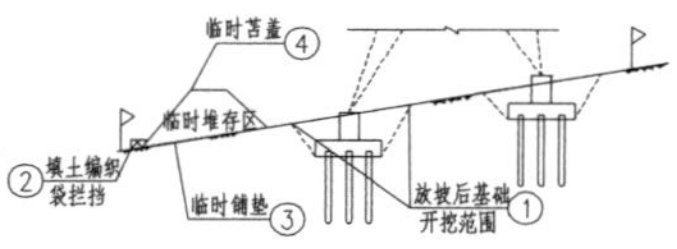

水保设计剖面图（余土外运综合处理、承台基础）

A—A

施工阶段：拦挡、铺设防护、基础开挖、余土临时堆存、苫盖、余土外运处理。

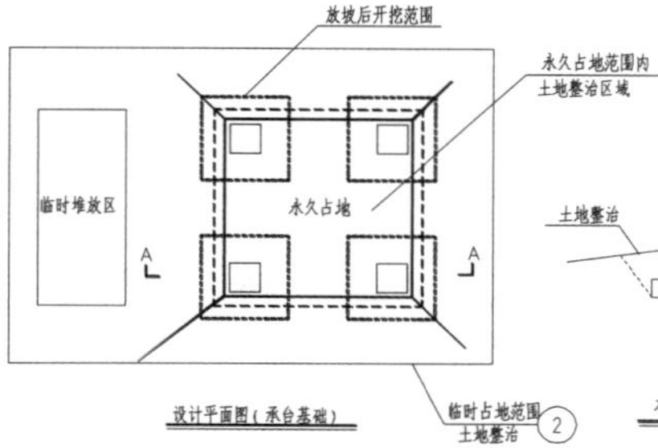

设计平面图（承台基础）

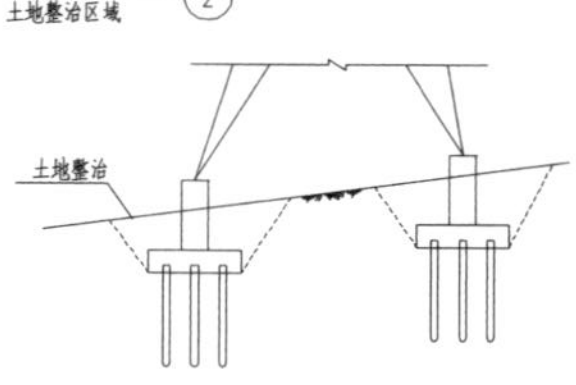

水保设计剖面图（承台基础）

A—A

场地恢复阶段：土地整治、碎石压盖。

施工准备阶段措施流程：限界→拦挡→铺设防护→苫盖

1、基础施工前，在临时场地外设置限界措施，严格限制施工机械和人员活动范围。

2、当坡度小于25°时，塔基区需在临时堆存区下坡侧先用填土编织袋设置拦挡（采用麻袋或其他质量较好的装袋），坡度大于25°时，在临时堆存区下边坡2m范围内，先布设格栅网（施工单位可根据现场实际情况选择钢丝网、网绳、木板等材料），高度宜控制在2m以下。底部采取临时铺垫措施，堆好后采取临时苫盖措施。

2、限界范围由施工所需场地确定，可根据现场实际地形调整，不宜超过临时占地及永久占地面积之和，且应设置三面，限界常采用彩旗绳。

3、材料堆放区、土方堆放区应根据地形和施工实际需求调整设置。

施工阶段措施流程：拦挡→铺设防护→基础开挖→余土临时堆存→苫盖→余土外运处理

1、基础施工时，当坡度小于25°时，先用填土编织袋在堆土区边界设置临时拦挡（采用麻袋或其他质量较好的装袋），坡度大于25°时，先布设格栅网（施工单位可根据现场实际情况选择钢丝网、网绳、木板等材料），高度宜控制在2m以下。余土底部采取临时铺垫措施，堆好后采取临时苫盖措施。

2、开挖余土应及时运走处理，不宜长时间堆放或者堆放量过大导致拦挡坍塌。

3、接地沟开挖范围及要求根据塔位实际接地配置情况确定。

场地恢复阶段说明：

1、施工结束后，应在场地清理后进行土地整治。

山丘区余土外运
塔基区水保方案，原状土基础（带承台），覆盖层薄

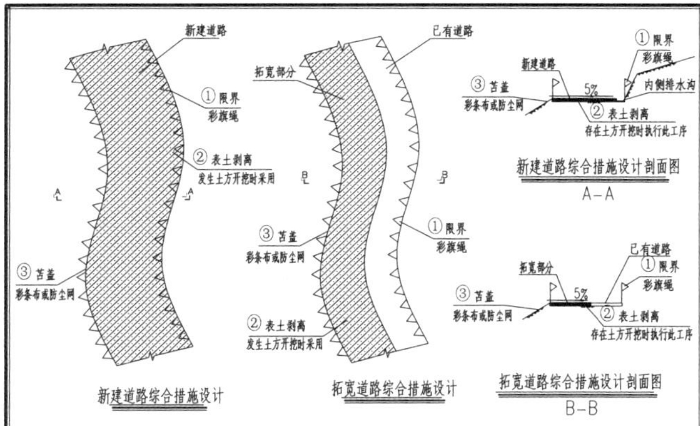

场地准备阶段：限界→表土剥离→苫盖。

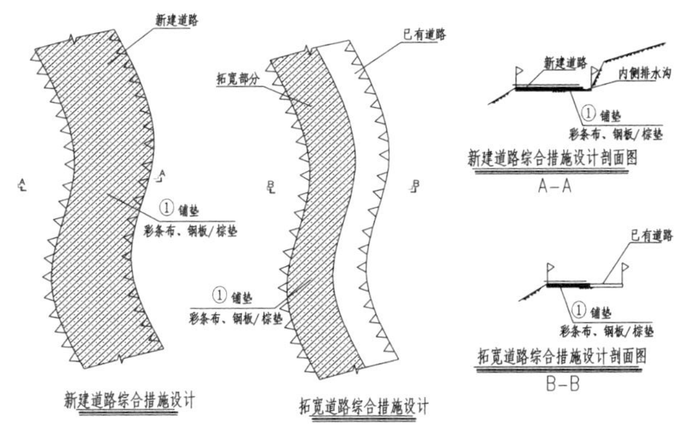

场地使用阶段：铺垫。

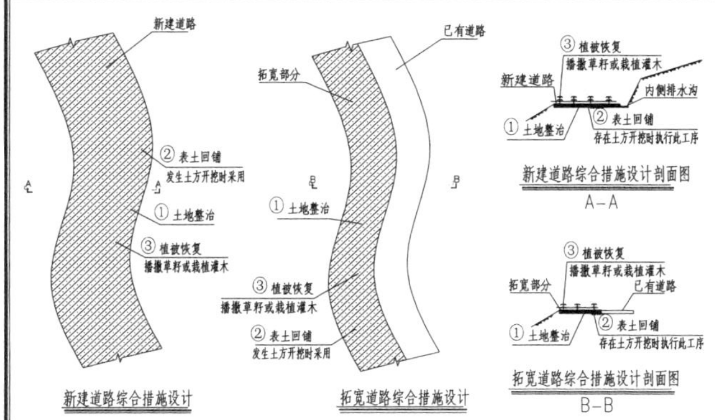

场地恢复阶段：土地整治→表土回覆→植被恢复（播撒草籽或栽植灌木）。

场地准备阶段：限界→表土剥离→苫盖

1、限界设置在道路两侧，限定道路范围，限界常采用彩旗绳。

2、施工道路无法避免土方开挖时，应在开挖之前对表土进行剥离，剥离厚度根据实际情况确定；剥离后常采用彩条布进行隔离防护。

3、在施工道路外坡侧进行苫盖。

4、施工道路的宽度由施工机具确定，道路的标准根据现场机械要求及相关公路规程规范。

场地使用阶段：铺垫

1、施工道路尽量利用当地已有道路，尽量避免新建施工道路。

2、施工过程中需严格控制施工场地范围，不占用植被相对良好的区域和基本农田。

3、为了防止施工机具对表土的破坏，应在施工道路上进行铺垫。常采用彩条布或防雨布（无地表水时）或钢板（有地表水时）。

4、道路施工时需在道路内侧设置排水沟（排水沟按相关要求设置消能池等），同时设置一定坡度的散水（一般为5%）以满足道路排水需要。

场地恢复阶段：土地整治→表土回覆→植被恢复（播撒草籽或栽植灌木）

1、施工完后应对道路区进行清理及土地整治，平整时应结合地形、地貌适当处理。

2、如有表土剥离，应在土地整治完成后进行表土回覆。

3、施工结束后应对土地整治区域进行植被恢复，可采用撒播草籽、栽植灌木（根据现场实际植被情况采用）进行植被恢复，草籽优先选取1～2种乡土草种等比例混播，草种质量、撒播密度等满足相关要求。

山丘区余土外运处理
道路区水保方案

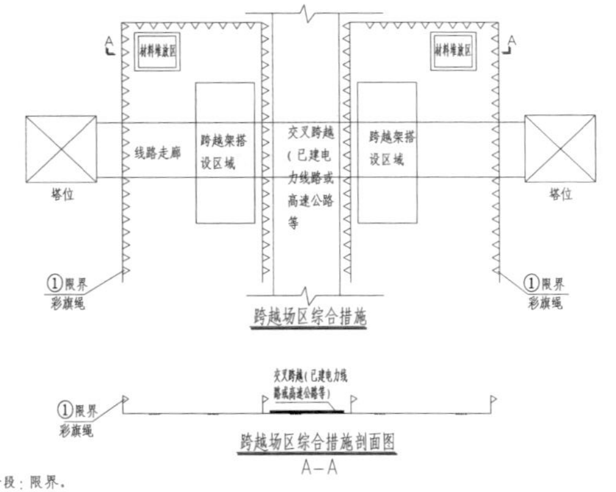

场地准备阶段：限界。

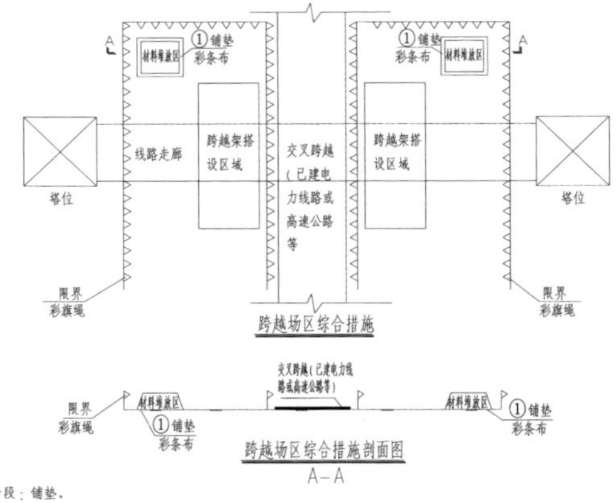

场地使用阶段：铺垫。

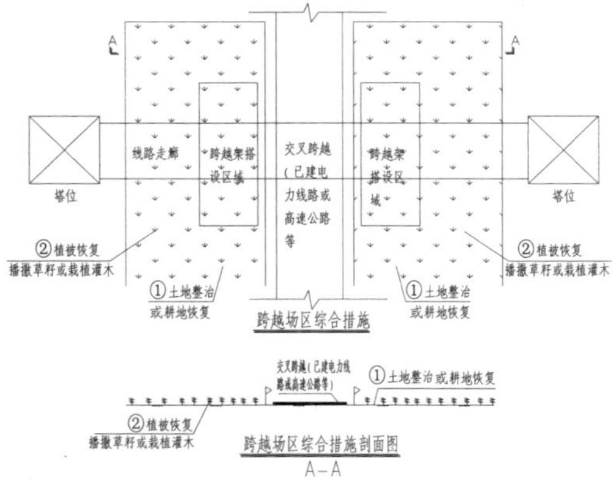

场地恢复阶段：土地整治（或耕地恢复）→植被恢复（播撒草籽或栽植灌木）。

场地准备阶段：限界

1、限界范围由施工所需场地确定，可根据现场实际地形调整，且应设置三面，限界常采用彩旗绳。

2、材料堆放区应根据地形和施工实际需求调整设置。

场地使用阶段：铺垫

1、为了防止施工机具对表土的破坏，应在施工道路上进行铺垫。

场地恢复阶段：土地整治（或耕地恢复）→植被恢复（播撒草籽或栽植灌木）

1、跨越场在施工完毕后应进行场地清理及土地整治或耕地恢复等措施。

2、施工结束后应对土地整治区域进行植被恢复，可采用撒播草籽、栽植灌木（根据现场实际植被情况采用）进行植被恢复，草籽优先选取1～2种乡土草种等比例混播，草种质量、撒播密度等满足相关要求。

山丘区余土外运处理
跨越场区水保方案

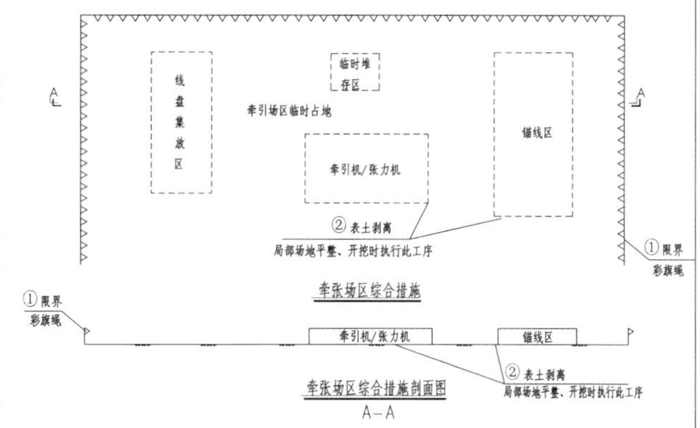

场地准备阶段：限界→表土剥离。

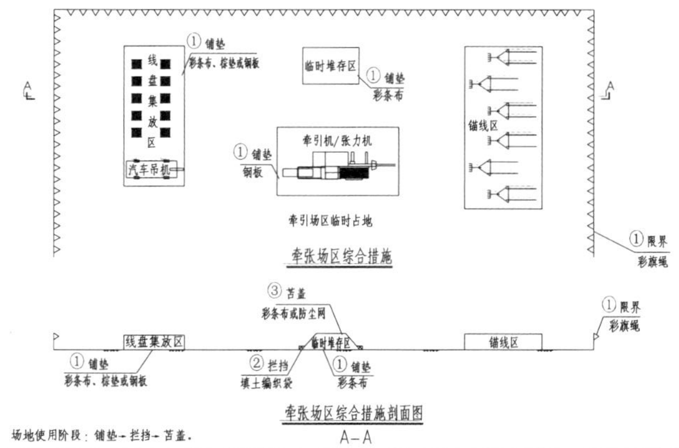

场地使用阶段：铺垫→拦挡→苫盖。

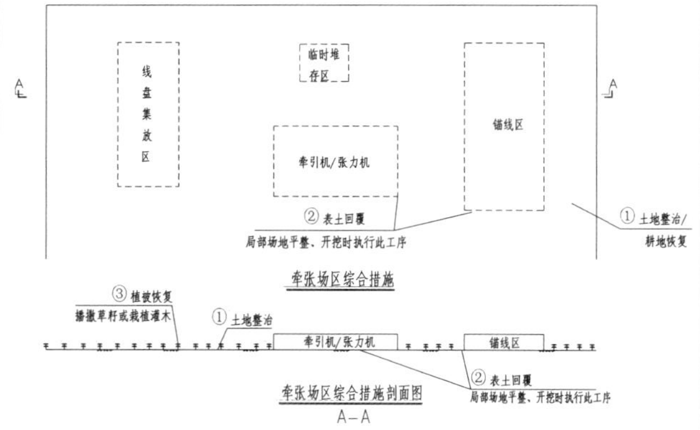

场地恢复阶段：土地整治（或耕地恢复）→表土回覆→植被恢复（播撒草籽或栽植灌木）。

场地准备阶段：限界→表土剥离

1、限界范围由施工所需场地确定，可根据现场实际地形调整，且应设置三面，限界常采用彩旗绳。

2、对于丘陵及山地牵张场，当场地为草地、林地、耕地、园地，确需对牵张设备安置处场地局部平整时，平整部分采用人工剥离表土，剥离厚度根据实际地质情况确定，剥离的表土单独堆存，并对剥离的表土临时堆放区底部铺设彩条布铺垫，堆好后用彩条布苫盖。

场地使用阶段：铺垫→拦挡→苫盖

1、为了防止施工机具对表土的破坏，应对线盘堆放区、临时堆存区等进行铺垫，在施工机械底部铺设钢板进行临时防护。对于环境敏感区、生态脆弱区，应视情况在整个牵张场范围内铺设钢板或棕垫进行隔离保护。

2、牵张场临时堆存区顶部及四周苫盖，周围用填土编织袋压盖，苫盖可选用彩条布或防尘网。

3、施工中，对施工油料等进行严格管理，避免对场地产生油污、垃圾等污染。

4、线盘堆放区、临时堆存区、设备安置区等应根据地形和施工实际需求调整设置。

场地恢复阶段：土地整治（或耕地恢复）→表土回覆→植被恢复（播撒草籽或栽植灌木）

1、跨越场在施工完毕后应进行场地清理、土地整治等措施。

2、如有表土剥离，应在场地清理后进行表土回覆。

3、施工结束后应对土地整治区域进行植被恢复，可采用撒播草籽进行植被恢复，草籽优先选取1～2种乡土草种等比例混播，草种质量、撒播密度等满足相关要求，原占地类型为林地的需栽植灌木，灌木种类优先选择乡土树种，栽植密度、苗木质量满足相关要求。

山丘区余土外运处理
牵张场区水保方案

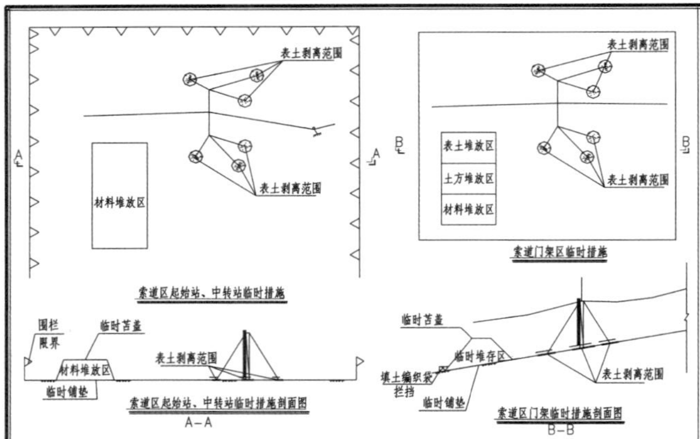

场地准备阶段：限界、拦挡、铺设防护、表土剥离、苫盖

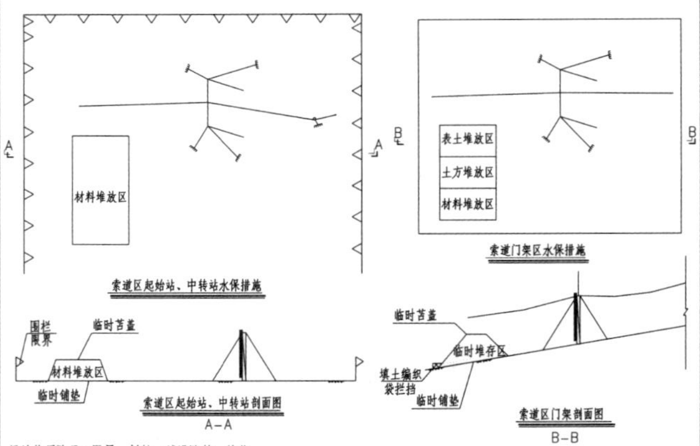

场地使用阶段：限界、拦挡、铺设防护、苫盖

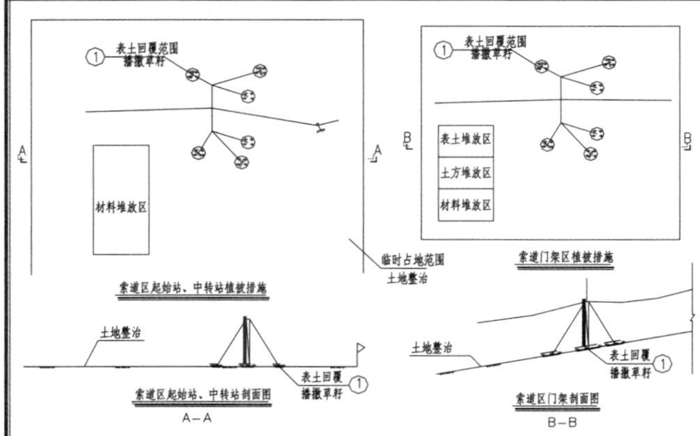

场地恢复阶段：土地整治、表土回覆、播撒草籽

场地准备阶段：限界→表土剥离→拦挡→铺设防护→苫盖

1、索道起始站、中转站不进行土方开挖，施工时应保护原始地貌。

2、索道门架组立前，应对临时拉线坑、门架立柱坑范围表土进行剥离并单独堆存，剥离厚度20～40cm（剥离厚度按实际地质情况确定），并对剥离表土的临时堆放区底部采取临时铺垫措施，堆好后采取临时苫盖措施，用填土编织袋对苫盖边缘进行压盖。

3、材料堆放区、土方堆放区应根据地形和施工实际需求调整设置。

场地使用阶段：拦挡→铺设防护→苫盖

1、索道起始站、中转站在材料临时堆放区底部采取临时铺垫措施，索道起始站材料堆好后采取临时苫盖措施，对施工油料等进行严格管理，避免对场地产生油污、垃圾等污染。

场地恢复阶段：土地整治→表土回覆→播撒草籽

1、施工结束后，对索道起始站、中转站、门架扰动区进行土地整治。门架拆除后，对剥离的表土进行回铺，并在适宜季节撒播草籽恢复植被。

山丘区余土外运处理索道区水保方案

6.1.4　戈壁区水土保持措施典型方案

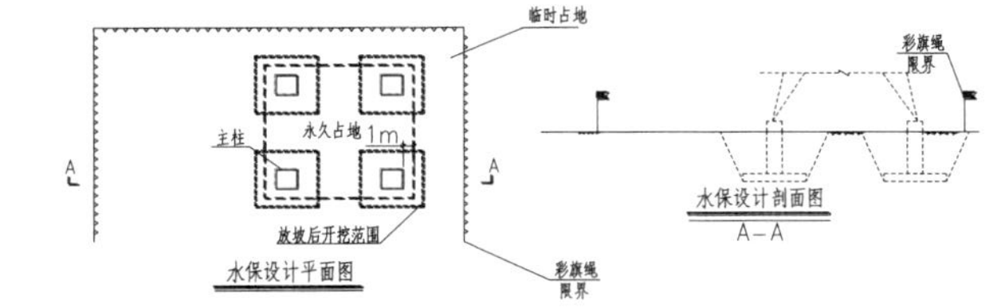

场地准备阶段：限界。

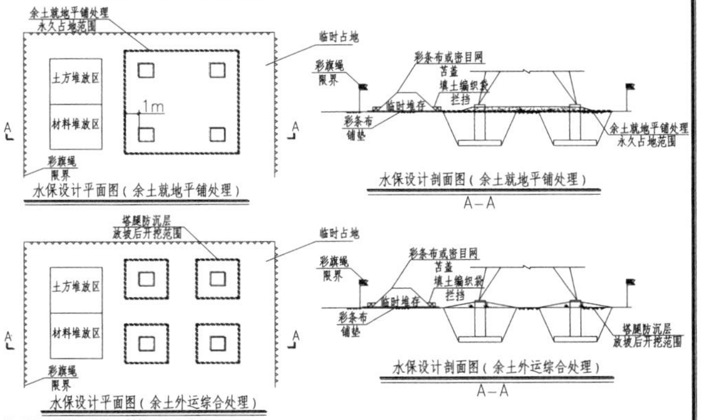

施工阶段：苫盖、铺垫、拦挡、余土处理。

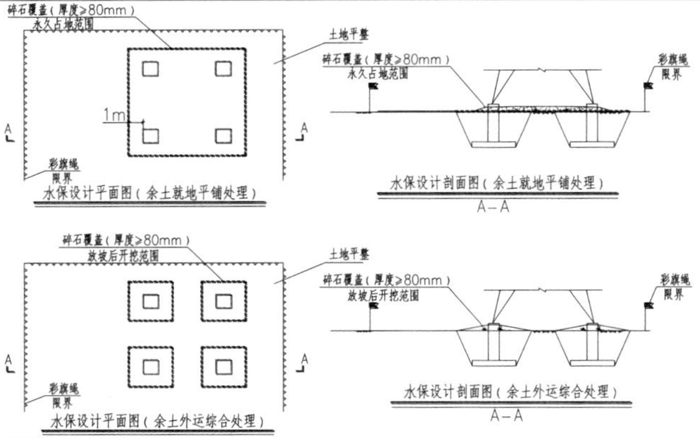

场地恢复阶段：土地平整、碎石覆盖。

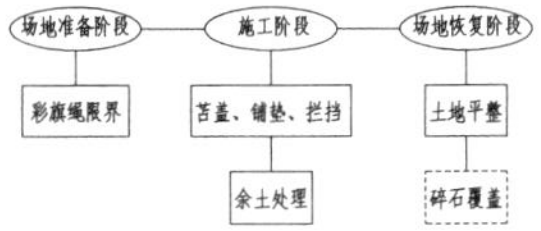

现场准备阶段说明：

1、限界范围由施工所需场地确定，不宜超过临时占地及永久占地面积之和，且应设置三面，各塔位临时占地面积见《xxx》，限界常采用彩旗绳。

场地恢复阶段说明：

1、塔基区在施工完毕后应对施工扰动区域（永久占地及临时占地）范围内进行清理及平整，平整时应结合地形、地貌适当处理。

2、当以砂土、粉土为主时，考虑风沙防治，应在平整范围顶面用碎石进行覆盖，当以圆砾、角砾为主时，可不做碎石覆盖处理。

施工阶段说明：

1、线路塔基区开挖的土方需临时堆置在塔基施工场地内，待完工后再进行回填，为避免清理回填土时对原地貌的扰动，需在土方堆放区底部设置铺垫，从而降低清理场地时的扰动程度，铺垫材料一般选用彩条布，材料堆放区底部也应设置铺垫。

2、材料堆放区、土方堆放区顶部及四周苫盖，周围用填土编织袋压实，苫盖可选用彩条布或密目网。

3、材料堆放区、土方堆放区应根据地形和施工实际需求调整设置。

4、余土就地平铺处理时，基坑回填夯实后，应将余土在塔基处垫高整平，设置防沉层，其范围为永久占地范围。

5、余土外运综合处理时，基坑回填夯实后，应将余土在塔腿处垫高整平，设置防沉层，其范围为基坑放坡后开挖范围。

戈壁区塔基区水保方案、大开挖基础

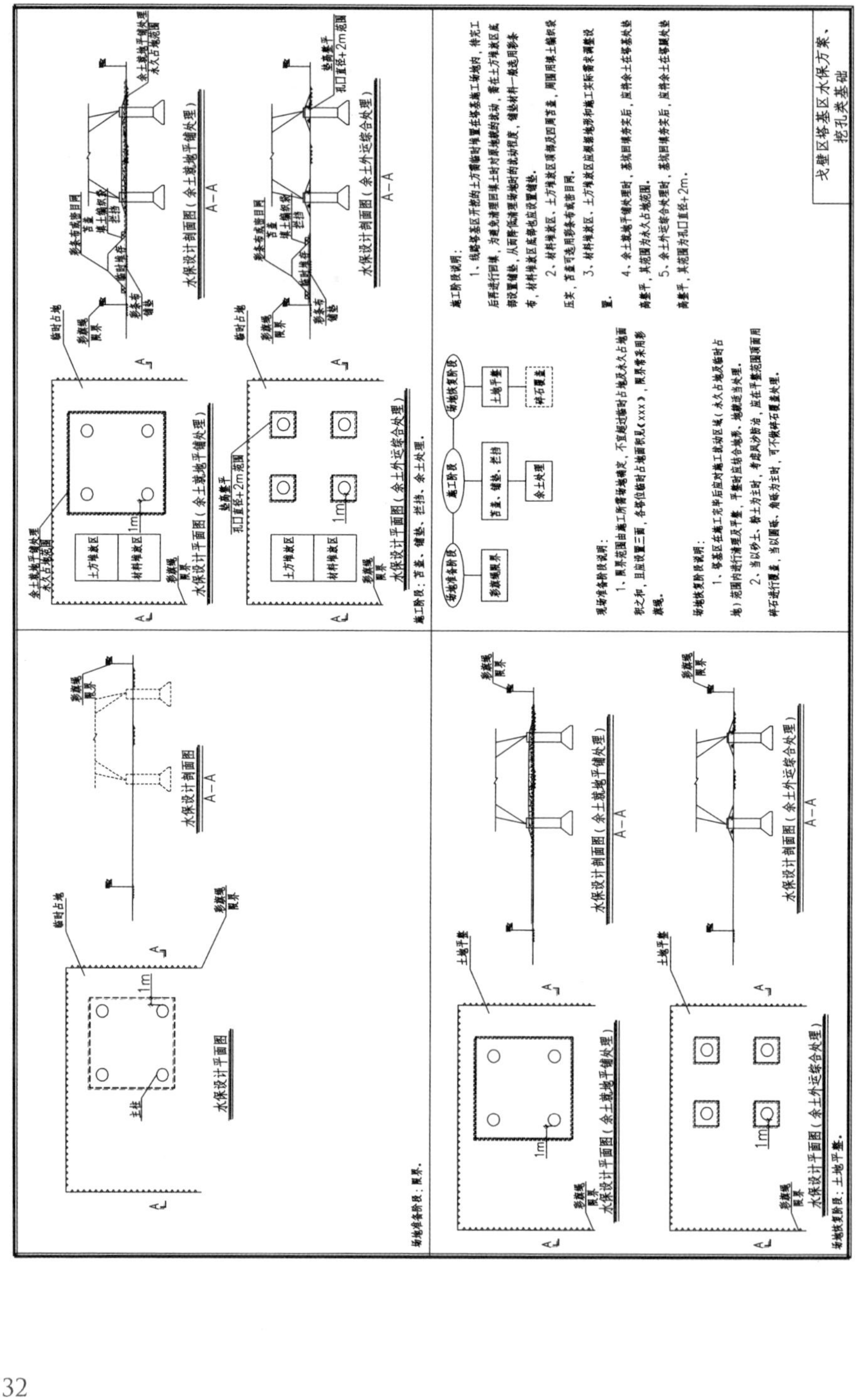
临时占地
主柱
1m
彩旗绳
限界
水保设计平面图
水保设计剖面图
A−A
场地准备阶段：限界。
余土就地平铺处理
永久占地范围
土方堆放区
材料堆放区
水保设计平面图（余土就地平铺处理）
彩条布或密目网
苫盖
填土编织袋
拦挡
临时堆存
彩条布
铺垫
水保设计剖面图（余土就地平铺处理）
垫高整平
孔口直径+2m范围
水保设计平面图（余土外运综合处理）
水保设计剖面图（余土外运综合处理）
施工阶段：苫盖、铺垫、拦挡、余土处理。
土地平整
场地恢复阶段：土地平整。
场地准备阶段
施工阶段
场地恢复阶段
彩旗绳限界
苫盖、铺垫、拦挡
土地平整
余土处理
碎石覆盖
现场准备阶段说明：
1、限界范围由施工所需场地确定，不宜超过临时占地及永久占地面积之和，且应设置三面，各塔位临时占地面积见《xxx》，限界常采用彩旗绳。
场地恢复阶段说明：
1、塔基区在施工完毕后应对施工扰动区域（永久占地及临时占地）范围内进行清理及平整，平整时应结合地形、地貌适当处理。
2、当以砂土、粉土为主时，考虑风沙防治，应在平整范围顶面用碎石进行覆盖，当以圆砾、角砾为主时，可不做碎石覆盖处理。
施工阶段说明：
1、线路塔基区开挖的土方需临时堆置在塔基施工场地内，待完工后再进行回填，为避免清理回填土时对原地貌的扰动，需在土方堆放区底部设置铺垫，从而降低清理场地时的扰动程度，铺垫材料一般选用彩条布，材料堆放区底部也应设置铺垫。
2、材料堆放区、土方堆放区顶部及四周苫盖，周围用填土编织袋压实，苫盖可选用彩条布或密目网。
3、材料堆放区、土方堆放区应根据地形和施工实际需求调整设置。
4、余土就地平铺处理时，基坑回填夯实后，应将余土在塔基处垫高整平，其范围为永久占地范围。
5、余土外运综合处理时，基坑回填夯实后，应将余土在塔腿处垫高整平，其范围为孔口直径+2m。
戈壁区塔基区水保方案、
挖孔类基础

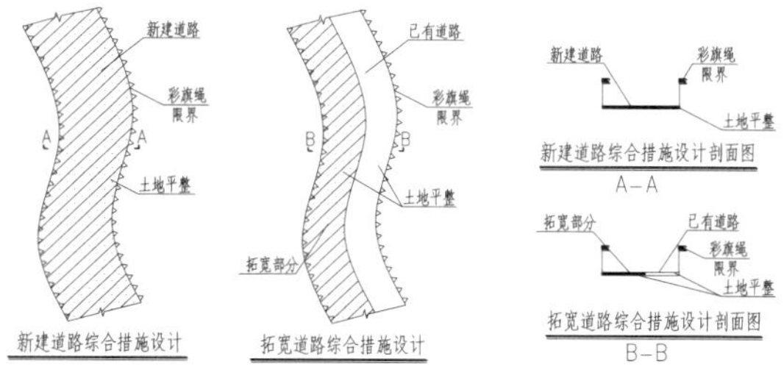

场地准备阶段：限界。

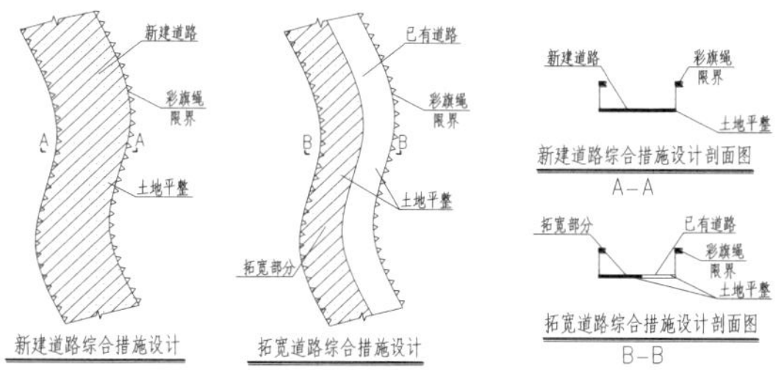

场地使用阶段：无新增。

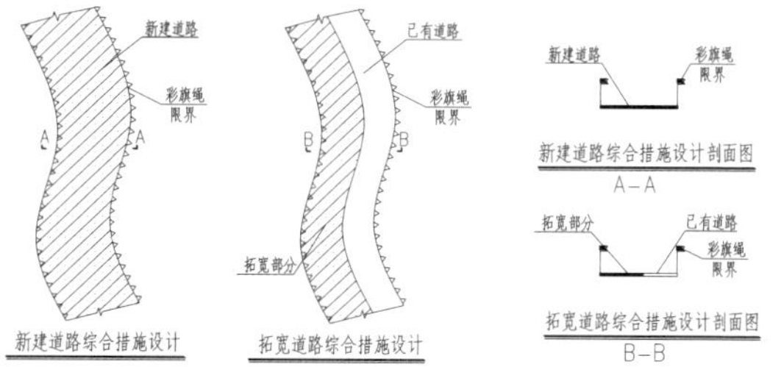

场地恢复阶段：土地平整。

说明：

1、施工道路的宽度由施工机具确定。
2、限界设置在道路两侧，限定道路范围，限界常采用彩旗绳。
3、施工完后应对道路区进行清理及平整，平整时应结合地形、地貌适当处理。

戈壁区道路区水保方案

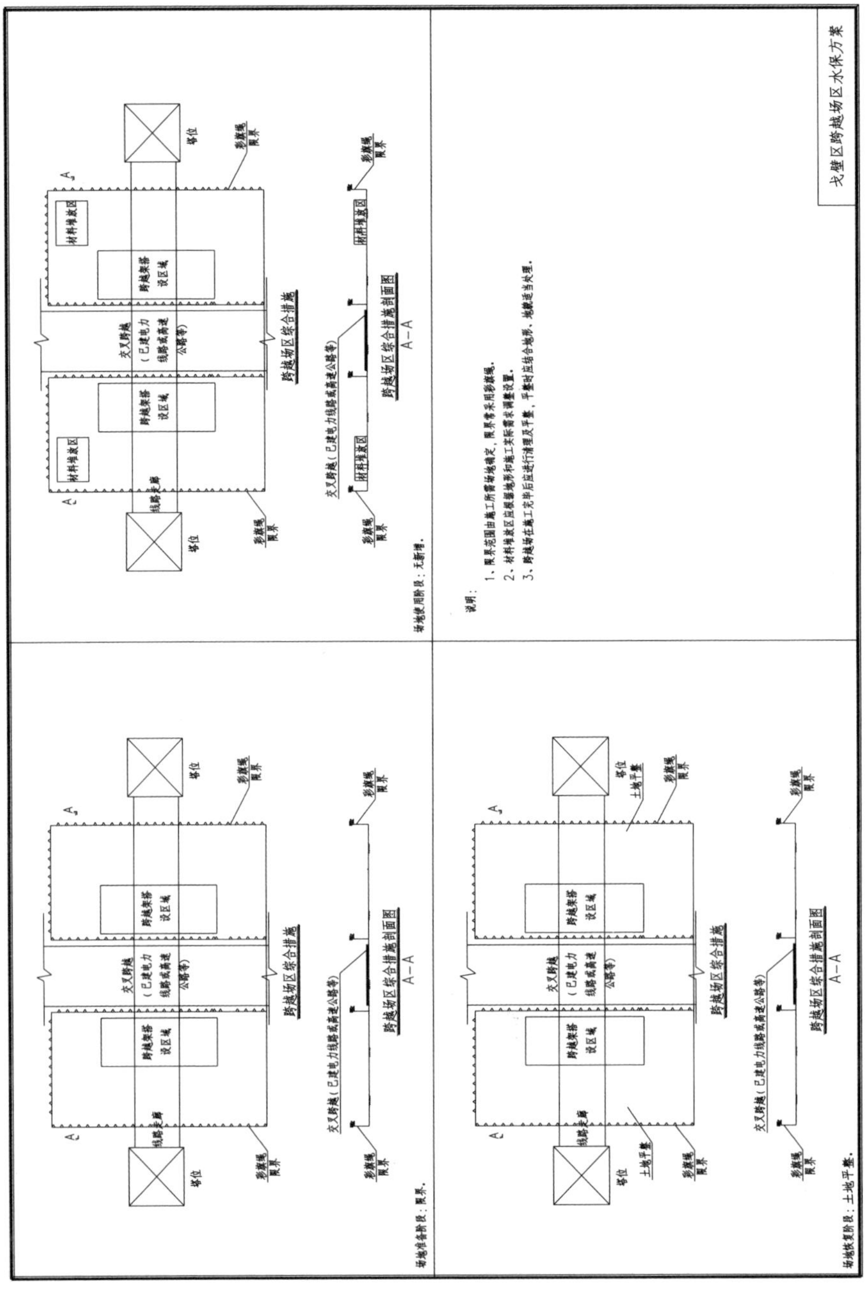
戈壁区跨越场区水保方案
塔位
彩旗绳限界
材料堆放区
跨越架搭设区域
交叉跨越（已建电力线路或高速公路等）
线路走廊
跨越场区综合措施
跨越场区综合措施剖面图
A—A
场地使用阶段：无措施。
说明：
1、限界范围由施工所需场地确定，限界常采用彩旗绳。
2、材料堆放区应根据地形和施工实际需求调整设置。
3、跨越场在施工完毕后应进行清理及平整，平整时应结合地形，地貌适当处理。
场地准备阶段：限界。
土地平整
场地恢复阶段：土地平整。

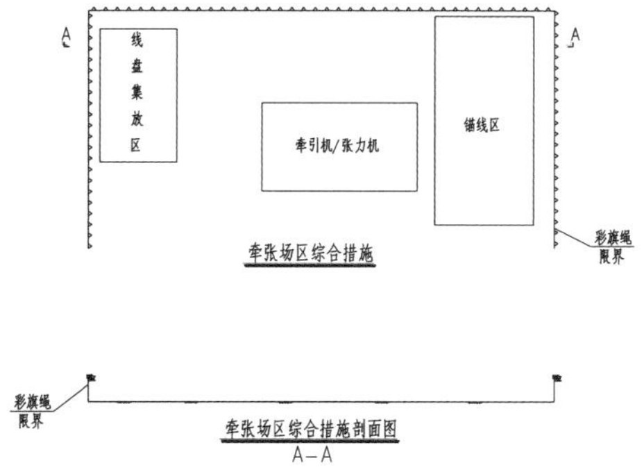

场地准备阶段：限界。

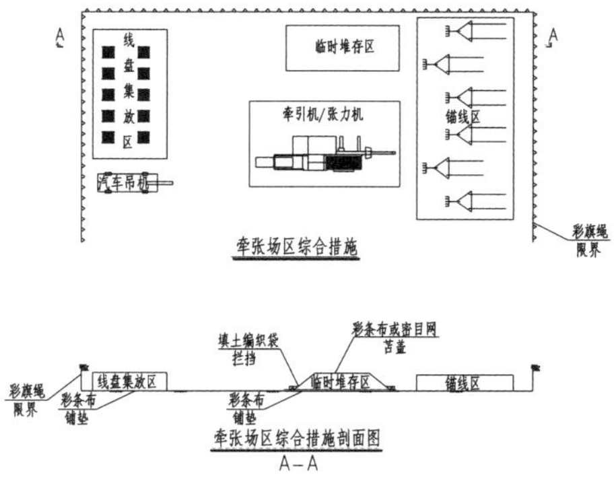

场地使用阶段：苫盖、铺垫、拦挡。

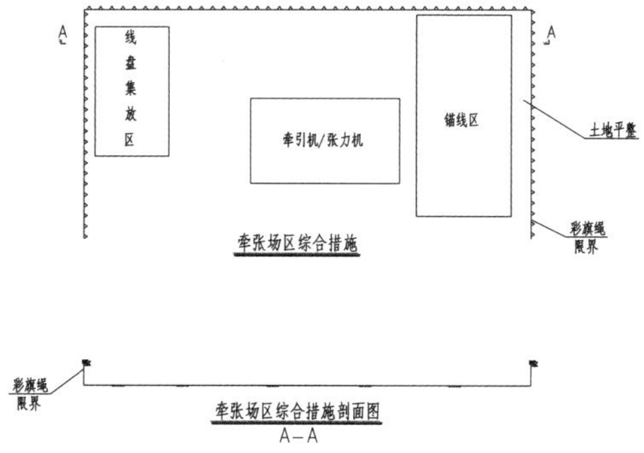

场地恢复阶段：土地平整。

说明：

1、牵张场临时堆存区（建筑材料、施工余土）应在其底部设置铺垫，顶部及四周苫盖，周围用填土编织袋压实；线盘集放区根据工程需求设置相关临时措施。

2、苫盖可选用彩条布或密目网，铺垫材料一般选用彩条布。

3、限界范围由施工所需场地确定，不宜超过临时占地面积，限界常采用彩旗绳。

4、临时堆存区、线盘集放区应根据地形和施工实际需求调整设置。

5、牵张场在施工完毕后应进行清理及平整，平整时应结合地形、地貌适当处理。

戈壁区牵张场区水保方案

6.1.5 荒漠区水土保持措施典型方案

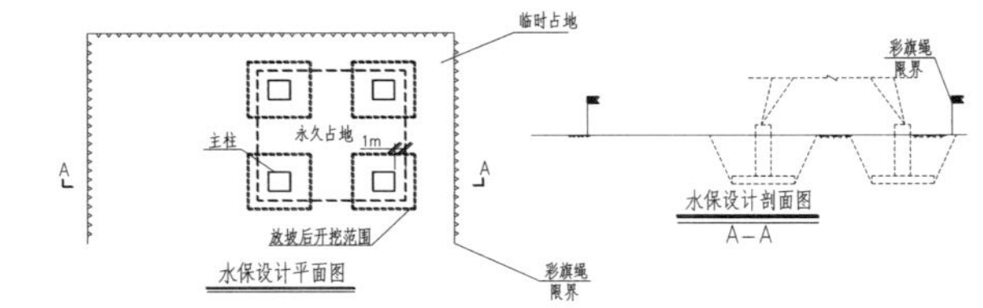

场地准备阶段：限界。

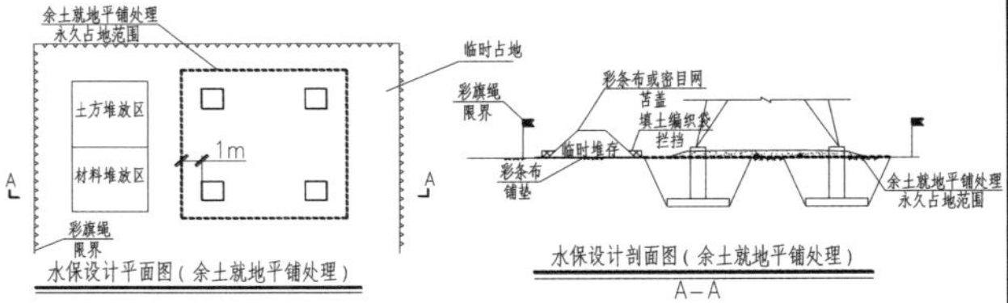

施工阶段：苫盖、铺垫、拦挡、余土处理。

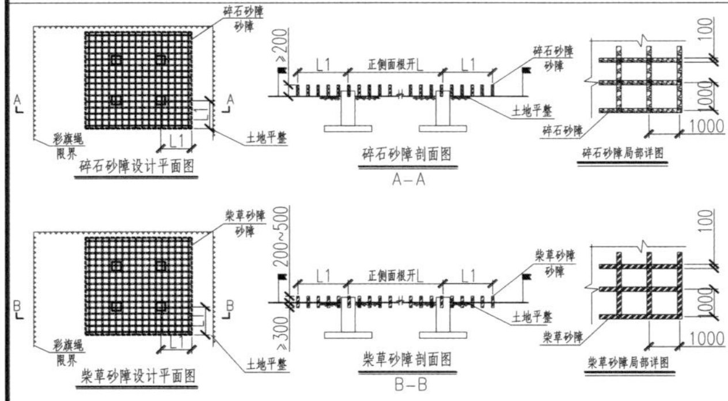

场地恢复阶段：土地平整、砂障。

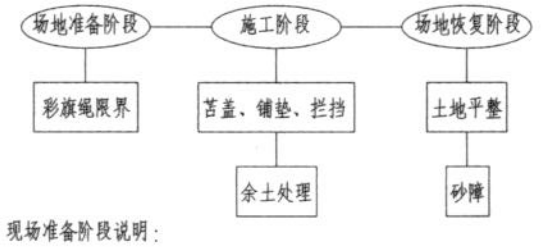

现场准备阶段说明：

1、限界范围由施工所需场地确定，不宜超过临时占地及永久占地面积之和，且应设置三面，各塔位临时占地面积见《xxx》，限界常采用彩旗绳。

施工阶段说明：

1、线路塔基区开挖的土方需临时堆置在塔基施工场地内，待完工后再进行回填，为避免清理回填土时对原地貌的扰动，需在土方堆放区底部设置铺垫，从而降低清理场地时的扰动程度，铺垫材料一般选用彩条布，材料堆放区底部也应设置铺垫。

2、材料堆放区、土方堆放区顶部及四周苫盖，周围用填土编织袋压实，苫盖可选用彩条布或密目网。

3、材料堆放区、土方堆放区应根据地形和施工实际需求调整设置。

4、余土就地平铺处理，并进行整平，平整时应结合地形、地貌适当处理，塔基范围内的整平厚度应小于基础柱顶高度。

场地恢复阶段说明：

1、土地平整后，在塔基设置砂障，砂障的铺设宽度按照塔基及塔基施工场地的面积确定，L1取值应满足《沙漠地区输电线路杆塔基础工程技术规范》（DL/T 5755）的要求。

2、对于碎石砂障

2.1砂障应采直径大于20mm的砾石，石方格规格为1.0m×1.0m。

2.2砾石地上外露部分高度应不小于20cm。

3、对于柴草砂障

3.1、砂障宜采用芦苇、麦草等防风固沙效果好、不易腐烂的材料，草方格规格为1.0m×1.0m。

3.2、扎制方法：施工前先备好芦苇或麦草侵水，施工时将芦苇或者麦草沿位置线摆好，芦苇或者麦草与位置线垂直，位于位置线中间，然后用平头铁锹从芦苇或者麦草中部插入沙中，麦草地上外露部分高度为20～50cm，其余部分埋入沙中。沙埋部分不小于30cm，草方格形成后用脚将芦苇或者麦草基部踩实，并用铁锹将方格中心的沙子向四周外扒。

4、塔基区在施工完毕后应对施工扰动区域（永久占地及临时占地）范围内进行清理及平整，土地平整时应结合地形、地貌适当处理。

荒漠区塔基区水保方案

6.2 水土保持措施标准工艺

6.2.1 工程措施标准工艺

项目/工艺名称	工艺流程及标准	施工要点	图片示例
表土剥离	1.技术标准 满足《生产建设项目水土保持技术标准》（GB50433—2018）、《土地利用现状分类》（GB/T21010—2007）、《水土保持工程设计规范》（GB51018—2014）等相关标准的技术要求。 2.工艺流程 主要包括：施工准备→测量放样→表土剥离→堆存保护。	1.山丘区 （1）剥离厚度：山丘区表土剥离厚度应结合现场的实际情况按照土壤的熟化程度和剖面结构确定，不宜过浅或过深。具体剥离厚度应根据地勘资料结合实际表土层厚度综合确定。 （2）剥离方式：土层较薄的山丘区可采用人工剥离表土。 （3）表土堆放：山丘区堆体宜设置为圆锥体，最大堆高应＜1 m，最大坡度应＜1：2，堆体表面及底部应采取铺垫/苫盖/拦挡等防护措施，有条件时定期浇水，防止干旱风化；若项目区表土较贫瘠、可剥离量较少时，剥离的表土可考虑装入草袋或植生袋后集中堆放，以保护表土。	 剥离表土  剥离表土

续表

项目/工艺名称	工艺流程及标准	施工要点	图片示例
表土剥离	3.工艺标准 （1）施工准备 建好施工平面控制网、高程系统，按设计要求放出开挖高程及开挖边线。剥离机械宜使用挖掘机等对土壤破坏程度小的机械（如 1 m^3 反铲挖掘机配合人工），土层较薄或不具备机械施工条件的场地采用人工剥离方式。 （2）测量放样 表土剥离前，确定剥离范围、厚度，并打（放）开挖范围、剥离深度控制桩线。 （3）表土剥离 土层较厚区域优先采用机械方式表土剥离；厚度在 20cm 以下的视其具体情况可采取人工辅助机械剥离或人工剥离。	2.平原区 （1）剥离厚度：平原区表土剥离厚度应结合现场的实际情况按照土壤的熟化程度和剖面结构确定，不宜过浅或过深。具体剥离厚度应根据地勘资料结合实际表土层厚度综合确定。 （2）剥离方式：土层较厚（20 cm 以上的）的平原区优先采用机械方式表土剥离；厚度在 20 cm 以下的视其具体情况可采取人工辅助机械剥离。 （3）表土堆放：平原区一般情况下，堆体宜设置为台体，最大堆高应 < 1.5 m，最大坡度应 < 1∶2，堆体表面及底部应采取铺垫/苫盖/拦挡等防护措施，有条件时定期浇水，防止干旱风化。	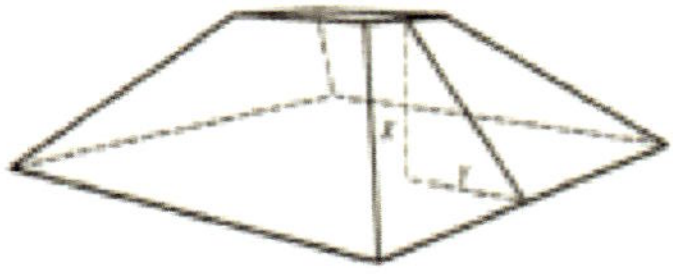 表土堆置示意图  表土堆置成棱台型防护

续表

项目/工艺名称	工艺流程及标准	施工要点	图片示例
表土剥离	（4）堆存保护 剥离的表土可选择堆放至塔基施工场地或塔位中心未扰动部分的平坦区域，临时堆土底部铺设彩条布，减缓清理堆土时对原地貌的扰动，表层苫盖彩条布，防止降雨引起冲刷、刮风引起扬尘，边坡采用填土编织袋装土进行拦挡。	3.河网区 （1）剥离厚度：水田、沼泽、湿地等河网区域应结合现场表土的分布情况，根据地勘资料结合表土层实际厚度来综合确定剥离深度。（江河湖塘等纯水域地区可不考虑剥离表土，施工中应做好临时围堰的填筑和拆除工作） （2）剥离方式：对于具备剥离条件的河网区，宜采用机械方式表土剥离。 （3）表土堆放：表土堆放场地应布设隔离围挡设施与周边水域保持一定间距，防止堆存期间表土流失。堆体宜设置为台体，最大堆高应 < 1.5 m，最大坡度应 < 1：2，堆体表面及底部应采取铺垫/苫盖/拦挡等防护措施，有条件时定期浇水，防止干旱风化。 4.戈壁区、荒漠区不涉及。	 表土装袋防护

续表

项目/工艺名称	工艺流程及标准	施工要点	图片示例
表土回覆	1. 技术标准 满足《生产建设项目水土保持技术标准》（GB50433—2018）、《土地利用现状分类》（GB/T21010—2007）、《水土保持工程设计规范》（GB51018—2014）等相关标准的技术要求。 2. 工艺流程 主要包括：场地清理→平整翻松→表土回覆→平整。 3. 工艺标准 （1）场地清理 对施工扰动范围内的零星枯树（根系）、杂草、垃圾、碎（块）石、废渣等有碍物利用机械结合人工彻底清除，确保施工场地地表平滑整洁。	1. 山丘区 （1）对于余土就地平摊的塔位，应先将余土平摊至塔基剥离范围内，在场地清理、土地整平结束后，再将临时堆放的表土回覆至余土表面。 （2）对于余土外运综合利用的塔位以及施工道路和牵张场防治区，在场地清理、土地整平结束后，应将临时堆放的表土回覆至剥离范围内。 （3）表土回覆厚度应与表土剥离的厚度相对应，对于回覆的表土需进行整平。 （4）表土回覆后地表坡度宜保持在合理范围内，避免局部积水现象的发生，以利降水在地表均匀分布。	 表土回覆（一）

续表

项目/工艺名称	工艺流程及标准	施工要点	图片示例
表土回覆	（2）平整翻松 平整：扰动后凹凸不平的地面可采用机械削凸填凹，进行粗整平。 翻松：扰动后地面相对平整或粗整平后的土地，应采用机械翻松（平地）或人工翻松（坡地）。 （3）表土回覆 在原状土翻松整平并检查合格后开始摊铺种植土。应采用耕植土或其他满足要求的回填土，回填土中不应含有建筑垃圾等物质。回填时应封层夯实，回填土的夯实系数应达到设计要求。 （4）平整 应保证地表平整。	2. 平原区 对于余土就地平摊的塔位，应先将余土平摊至塔基剥离范围内，在场地清理、土地整平结束后，再将临时堆放的表土回覆至余土表面。 对于余土外运综合利用的塔位以及施工道路和牵张场防治区，在场地清理、土地整平结束后，应将临时堆放的表土回覆至剥离范围内，表土回覆厚度应与表土剥离的厚度相对应，对于回覆的表土需进行整平。 表土回覆后地表坡度宜保持在合理范围内，避免局部积水现象的发生，保证回覆后形成的地表坡度不超过2°为宜，以利降水在地表均匀分布。 3. 河网区表土回覆施工要点可参照平原区同类微地貌情形。 4. 戈壁区、荒漠区不涉及。	 表土回覆（二）

续表

项目/工艺名称	工艺流程及标准	施工要点	图片示例
土地整治（类型一：全面整地）（备注：本文所指的土地整治措施仅为针对生产建设项目中对主体工程硬化区以外的裸露土地进行清理、平整、松土、翻垦、改良及必要的耕植土回覆。旨在恢复和保护原地貌土地生产力，以利后期复耕或覆绿。下同）	1. 技术标准 满足《生产建设项目水土保持技术标准》（GB50433—2018）、《水土保持工程设计规范》（GB 51018—2014）等相关标准的技术要求。 2. 工艺流程 主要包括：场地清理→平整翻松→表土回覆→平整及犁耕→土地改良。 3. 工艺标准 （1）场地清理 对施工扰动范围内的零星枯树（根系）、杂草、垃圾、碎（块）石、废渣等有碍物利用机械结合人工彻底清除，确保施工场地地表平滑整洁。	1. 山丘区 （1）采用人工方式将板结的原状土翻松。来回翻松不少于两次，深度不小于 20 cm，翻挖结束后用人工方式将翻挖的地面整平。 （2）在原状土翻松整平并检查合格后开始回覆表土，在此过程中安排人工进行巡回检查，发现有卵石、块石、树根等影响耕种覆绿的杂物及时清除。表土摊平后采用人工方式再次翻松地表，使原状土和表层土搅拌均匀为宜，搅拌后的混合土采用人工方式将地面整平。 2. 平原区 （1）用旋耕机将板结的原状土翻松。来回翻松不少于两次，深度不小于 30 cm，机械翻耕所留死角采用人工进行翻挖，翻挖结束后用平地机将翻挖的地面整平。	 土地整治  土地整治

续表

项目/工艺名称	工艺流程及标准	施工要点	图片示例
土地整治（类型一：全面整地）（备注：本文所指的土地整治措施仅为针对生产建设项目中对主体工程硬化区以外的裸露土地进行清理、平整、松土、翻垦、改良及必要的耕植土回覆。旨在恢复和保护原地貌土地生产力，以利后期复耕或覆绿。下同）	（2）平整、翻松 平整：扰动后凹凸不平的地面可采用机械削凸填凹，进行粗整平。 翻松：扰动后地面相对平整或粗整平后的土地，应采用机械翻松（平地）或人工翻松（坡地）。 （3）表土（或客土）回覆 在原状土翻松整平并检查合格后开始摊铺种植土，对于原地貌表土层贫瘠的区域可采购耕植土（或腐殖土）进行客土回覆。 （4）平整及犁耕 表土回覆后用旋耕机（或人工）再次旋耕，旋耕次数以保证翻松的原状土和种植土搅拌均匀为宜，搅拌后的混合土采用平地机将地面整平。	（2）在原状土翻松整平并检查合格后开始回覆表土，在此过程中安排人工进行巡回检查，发现有卵石、块石、树根等影响耕种覆绿的杂物及时清除。表土摊平后用旋耕机再次旋耕，旋耕次数以保证翻松的原状土和种植土搅拌均匀为宜，搅拌后的混合土采用平地机将地面整平。 3. 河网区 翻松整平原状土，在此过程对场地内卵石、块石、树根等影响耕种覆绿的杂物及时清除。表土摊平后用旋耕机再次旋耕，旋耕次数以保证翻松的原状土和表层土搅拌均匀为宜，搅拌后的混合土采用平地机将地面整平。	 土地整治 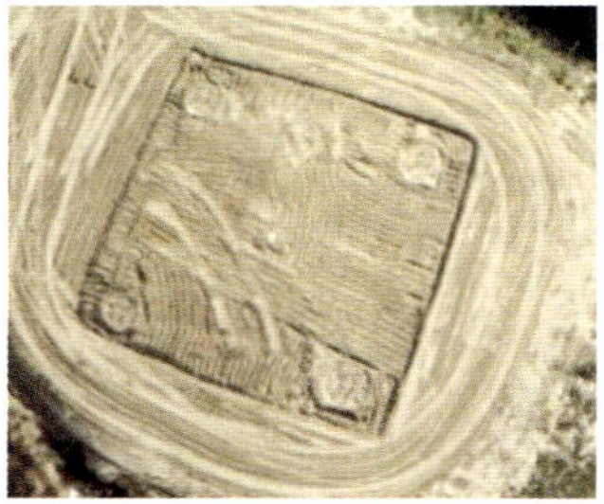 土地整治

续表

项目/工艺名称	工艺流程及标准	施工要点	图片示例
土地整治（类型一：全面整地）（备注：本文所指的土地整治措施仅为针对生产建设项目中对主体工程硬化区以外的裸露土地进行清理、平整、松土、翻垦、改良及必要的耕植土回覆。旨在恢复和保护原地貌土地生产力，以利后期复耕或覆绿。下同）	（5）土地改良 恢复为耕地的(即“恢复耕地”措施)，应增施有机肥、复合肥或其他肥料。恢复为林草地的，应优先选择具有根瘤菌或其他固氮菌的绿肥植物，工程管理范围的绿化区可在田间细平整后增施有机肥、复合肥或其他肥料。	4. 戈壁区 用机械方式将板结的原状地表翻松。来回翻松不少于两次，深度不小于10 cm，机械翻耕所留死角采用人工进行翻挖，翻挖结束后用平地机将翻挖的地面整平。 5. 荒漠区 施工完毕后，首先进行清理场地，恢复原地貌类型，施工场地内不涉及松土、翻耕、土壤改良等施工内容。根据实际情况和设计要求为下一步布设防风固沙措施整理好立地条件即可。	 土地整治

续表

项目/工艺名称	工艺流程及标准	施工要点	图片示例
土地整治(类型二：沿等高线间隔一定距离横向翻垦、松土，适用于土质坡面的地形)	1. 技术标准 技术要求同上述“土地整治” 2. 工艺流程 工艺流程同上述“土地整治”，仅在整地施工方式上有所区别，主要包括：场地清理→带状翻耕→表土回覆→平整及犁耕→土地改良。 3. 工艺标准 带状翻耕：呈长条状翻垦地表的土壤，并在整地带之间保留一定宽度的不垦带。	1. 山丘区 沿坡面等高线间隔一定距离横向开挖水平沟槽，呈带状翻耕土壤。回覆表层土置于上坡位，生土置于下坡位做埂，沟底尽量保持内低外高的反坡趋势，槽内增施有机或复合肥提高土地生产力，以利后期植被恢复。 2. 平原、河网区不涉及。	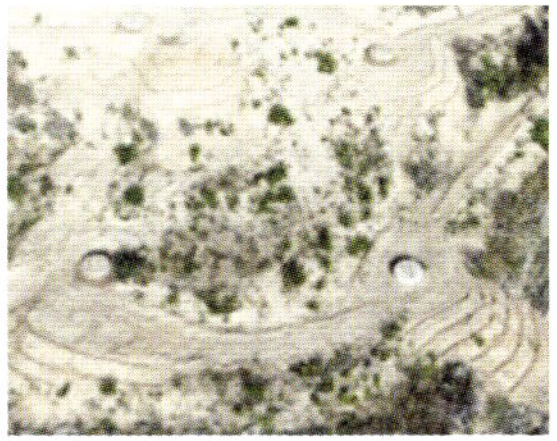 沿等高线横向翻垦松土  沿等高线横向翻垦松土  沿等高线横向翻垦松土

续表

项目/工艺名称	工艺流程及标准	施工要点	图片示例
碎石压盖	1. 技术标准 应满足《建设用卵石、碎石》（GB/T 14685—2011）、《水土保持工程设计规范》（GB 51018—2014）等相关标准的技术要求。 2. 工艺流程 主要包括：基层清理→确定压盖范围→分层铺设、压实→顶面及四周修整。 3. 工艺标准 （1）基层清理 施工前先检验基土土质，将基底表层的松软土、积水、污泥等挖除，平整场地。	1. 山丘区、平原区、河网区可不考虑； 2. 戈壁区 （1）碎石铺筑前，基土必须平整、坚实、均匀。局部松软土应清除，用同类土分层回填夯实。 （2）基土表面应避免受水浸润，基土表面和碎石之间应先铺一层 5~25 mm 粗砂层作砂框，以防止局部基土下陷或软土层挤入碎石导致垫层破坏。	 碎石压盖  碎石压盖

续表

项目/工艺名称	工艺流程及标准	施工要点	图片示例
碎石压盖	（2）确定压盖范围 在地面设置好标桩，找好标高、放线，控制碎石铺筑范围。 （3）分层铺设、压实 按设计厚度分层摊平、铺筑碎石，大小颗粒要均匀分布，厚度一致，压实前应适当洒水使其保持湿润，采用机械碾压或人工轧实，面层微小孔隙应以粒径为 5~25 mm 细石子嵌缝，碾压至碎石表面平整、坚实、稳定不松动为止。 （4）顶面及四周修整 采用人工或机械辅助对碎石铺筑体进行修整、夯实，使其外形平整美观。	（3）垫层铺设所使用的碎石粒径应满足级配要求，摊铺厚度必须均匀一致，以预防厚度不均，密实度不一致而导致的不均匀变形破坏。 （4）碎石堆体应分层夯（压）实，达到表面坚实平整。 3. 荒漠区可不涉及。	 碎石压盖  碎石压盖

续表

项目/工艺名称	工艺流程及标准	施工要点	图片示例
沙障	1. 技术标准 应满足《水土保持工程设计规范》（GB 51018—2014）等相关标准的技术要求。 2. 工艺流程 主要包括：基层清理→稻（柴）草制作→铺放稻（柴）草→插入稻（柴）草→固定根基。 3. 工艺标准 （1）基层清理 对设置沙障的地段按要求进行边坡整理，清除坡面松土、石屑等杂物。 （2）沙障材料 分为机械沙障（死植）、生物沙障（活植）。机械沙障主要使用干植物体、黏土、砾石、沙袋、土工布等材料，生物沙障主要使用活体植物材料栽植或扦插。	1. 山丘区、平原区、河网区可不考虑； 2. 戈壁区 （1）隔壁区宜根据实际情况（如当地起沙风速、地表自然颗粒情况等）可采取砾（片、碎）石覆盖、或石方格沙障措施进行防风固沙。 （2）依据设计规格进行放线，沿沙丘等高线放线设置纬线，沿垂直等高线方向设置经线。 （3）将片石或砾石等材料平铺在样线上，并进行修整或者固定成埂；依次类推，完成整个沙障施工铺设任务。	 草方格沙障（死植）  草方格沙障（死植）

续表

项目/工艺名称	工艺流程及标准	施工要点	图片示例
沙障	（3）防治对象 针对流动沙丘，宜选用黄柳、柴草、秸秆、黏土、树枝、板条、卵石等物料在沙面上做成的障蔽物，进行机械固沙（死植）。针对原地表有一定植被覆盖，且地下水位相对较高的半流动沙丘宜选用杨柴、黄柳、沙柳等具有再生能力的活植物体进行生物固沙。 （4）沙障制作 用麦秸草、稻草扎制草方格前需在材料上洒一些水，使之湿润，为的是提高材料的柔性，以免扎制时折断。扎制前将材料切成设计要求长（一般为 30 cm）的段，整齐堆放。 （5）铺放沙障 沿草方格网线平铺稻草，将稻草垂直放在已划好的直线上，扎制材料要垂直“线”排放，并将稻草中心正好放在线上，铺设稻草厚度为应符合要求。	3. 荒漠区 （1）草方格沙障的规格要根据地区风力大小而定，草方格的形式及规格应符合设计要求。实践证明，在地形起伏不大的沙面上 1m × 1m 草方格最为合理，在风能较小的平坦沙地可以灵活地放大草方格规格；在迎风坡，因地形的倾斜，沿等高线的草带要加密。草方格的用草量要适当，草量过少影响其防沙效益，太多造成材料的浪费，也增加施工难度。 （2）机械沙障（死植）适用于植被覆盖度小于 15%、地下水位相对较低的流动沙丘。沙障材料选用柳条、秸秆、芦苇等非活体材料，沙障高度以地面以上 20 cm~100 cm 和沙障入土深度 20~40 cm 为宜。设置时间宜在每年春季和秋季为宜。	 草方格沙障（死植）  草方格沙障（活植）

续表

项目/工艺名称	工艺流程及标准	施工要点	图片示例
沙障	用铁锹（钝切平头铁锹防止切断材料）在草中部用力将其对折压入沙层内 15 cm 左右（如稻草长 30 cm），草的两端露出沙面 15 cm，把压入沙内的稻草两边堆沙扶直，再用脚将草带两侧的沙踩实，并用铁锹或刮沙板将中间的沙向草带下刮一刮，使草方格提前形成碟形凹槽，有利于沙障内地面稳定。 （6）固定根基 稻草压入沙层后，两边堆沙扶直，形成一条垂直主害风方向的草障。使用工具将沙掩埋住草方格沙障的根基部，使之牢固。	（3）生物沙障（活植）适用于植被覆盖度小于 15%，且地下水位相对较高的半流动沙丘。沙障材料主要选择杨柴、黄柳、沙柳等具有再生能力的活植物体（一年、二年生活枝条，长度 50~70 cm）作为生物沙障材料。沙障高度以地面以上 20 cm 和沙障入土深度 30~50 cm 为宜。设置时间宜在每年春季和秋季。 （4）沙障应从沙丘上部往下并按材料堆放远近顺序施工，以便于材料运送，并避免施工人员不慎踩踏铺设完好的沙障，按坡面面积准备足够施工材料。 （5）沙障防护必须符合相关技术标准、规范以及图纸要求，外漏高度及顶部宽度等应符合要求，监理抽查合格后，再进行下一道工序的施工。	 石方格沙障

续表

项目/工艺名称	工艺流程及标准	施工要点	图片示例
浆砌石挡渣墙、护坡	1. 技术标准 应满足《砌体结构工程施工规范》（GB 50924—2014）、《砌体结构工程施工质量验收规范》（GB 50203—2019）等相关标准的技术要求。 2. 工艺流程 主要包括：测量放样→墙体基槽开挖→墙体砌筑→收顶→勾缝→墙背回填。 3. 工艺标准 （1）水泥：宜采用通用硅酸盐水泥，强度符合设计要求。	1. 山丘区 （1）挡渣墙或护坡应砌筑在稳固的地基上，基础埋深应满足设计要求。 （2）挡渣墙或护坡砌筑前，底部浮土必须清除，石料上的泥垢必须清洗干净，砌筑时保持砌石表面湿润。 （3）采用坐浆法分层砌筑，铺浆厚度宜为 30~50 mm，用砂浆填满砌缝，不得无浆直接贴靠，砌缝内砂浆应采用扁铁插捣密实。 （4）砌体外露面上的砌缝应预留约 40 mm 深的空隙，以备勾缝处理。 （5）勾缝前必须清缝，用水冲净并保持槽内湿润，砂浆应分次向缝内填塞密实。勾缝砂浆标号应高于砌体砂浆，应按实有砌缝勾平缝。砌筑完毕后应保持砌体表面湿润做好养护。 2. 平原区、河网区可不涉及。	 护坡成品

续表

项目/工艺名称	工艺流程及标准	施工要点	图片示例
浆砌石挡渣墙、护坡	（2）细骨料宜采用中砂，含泥量≤5%。特殊地区可按该地区标准执行。 （3）块石：砌筑用块石尺寸一般不小于250 mm，石料应坚硬，不易风化。 （4）宜采用饮用水或经检测合格的地表水、地下水、再生水拌和及养护，不得使用海水。 （5）上下层砌石应错缝砌筑，砌体外露面应平整美观。 （6）排水孔、伸缩缝数量、位置及疏水层的设置应满足规范、设计要求。	3. 戈壁区 （1）挡渣墙或护坡应砌筑在稳固的地基上，基础埋深应满足设计要求。 （2）挡渣墙或护坡砌筑前，底部浮土必须清除，石料上的泥垢必须清洗干净，砌筑时保持砌石表面湿润。 （3）采用坐浆法分层砌筑，铺浆厚度宜为30~50 mm，用砂浆填满砌缝，不得无浆直接贴靠，砌缝内砂浆应采用扁铁插捣密实。 （4）砌体外露面上的砌缝应预留约40 mm深的空隙，以备勾缝处理。 （5）勾缝前必须清缝，用水冲净并保持槽内湿润，砂浆应分次向缝内填塞密实。勾缝砂浆标号应高于砌体砂浆，应按实有砌缝勾平缝。砌筑完毕后应保持砌体表面湿润做好养护。 4. 荒漠区可参照戈壁区同类微地貌情形的施工要求。	 土地整治

续表

项目/工艺名称	工艺流程及标准	施工要点	图片示例
浆砌石排水沟	1. 技术标准 应满足《砌体结构工程施工规范》（GB 50924—2014）、《砌体结构工程施工质量验收规范》（GB 50924—2014）等相关标准的技术要求。 2. 工艺流程 主要包括：测量放样→沟槽开挖→沟身砌筑→勾缝→抹面。 3. 工艺标准 （1）水泥：宜采用通用硅酸盐水泥，强度符合设计要求。	1. 山丘区 （1）应根据现场实际地形确定排水沟走向和长度，一般沿基础的上山坡方向开挖。 （2）排水沟断面应满足设计要求。 （3）排水沟开挖成型后应清除浮土，底部夯实。 （4）按施工图要求进行排水沟砌体和混凝土施工，保证排水沟牢固、美观。 2. 平原区、河网区、荒漠区可不考虑。 3. 戈壁区 （1）应根据现场实际地形确定排水沟走向和长度，一般沿基础的上山坡方向开挖。 （2）排水沟断面应满足设计要求。	 截排水沟成品（一）

续表

项目/工艺名称	工艺流程及标准	施工要点	图片示例
浆砌石排水沟	（2）细骨料宜采用中砂，含泥量≤5%。特殊地区可按该地区标准执行。 （3）块石：砌筑用块石尺寸一般不小于250 mm，石料应坚硬，不易风化。 （4）宜采用饮用水或经检测合格的地表水、地下水、再生水拌和及养护，不得使用海水。 （5）排水沟应设置在迎水侧。 （6）排水沟应保证内壁平整，迎水侧沟沿略低于原状土并结合紧密。 （7）按设计施工，坡度保证排水顺畅。	（3）排水沟开挖成型后应清除浮土，底部夯实。 （4）按施工图要求进行排水沟砌体和混凝土施工，保证排水沟牢固、美观。	 截排水沟成品（二）

6.2.2 植物措施标准工艺

项目/工艺名称	工艺流程及标准	施工要点	图片示例
撒播草籽	1. 技术标准 满足《生产建设项目水土保持技术标准》（GB 50433—2018）、《水土保持工程施工监理规范》（SL 523—2011）、《输变电工程水土保持监理规范》（Q/GDW 11970—2019）、《架空输电线路水土保持设施质量检验及评定规程》（Q/GDW11971—2019） 2. 工艺流程 撒播草籽流程：草籽选择→施肥→播种→压土 3. 工艺标准 （1）草籽选择 草籽的选择应根据立地因子选择适宜草种或商业化草籽。草籽用量可根据项目区的立地条件及草种特性选择，一般为 60~100 kg/hm^2。	（1）一年生草种宜春播；多年生草种春、夏、秋季均可播种，以雨季播种最好；寒地型草坪草最适宜的播种时间是夏末，暖地型草坪草则在春末和初夏，播前可用 30 ℃浸种 12~24 h，捞出后用 10% 的磷化锌拌种。 （2）土质坡面宜采取直接播种法；密实的土质坡面，宜采取坑植法；在风沙坡地，应先设沙障，固定流沙，再播种草籽。 （3）播种深度一般在 2~4 cm 最佳，播种后需要压土，当年出芽率与成活率在 90% 以上。 （4）在干旱草原区，应控制施工范围，保护原地貌，减少对草地及地表结皮的破坏，防止土地沙化。	 草籽选择  播种

续表

项目/工艺名称	工艺流程及标准	施工要点	图片示例
撒播草籽	（2）场地施肥 对整地后的施工场地施肥，确保覆盖的表土层营养充足，可供草籽生长。播种可采用条播、撒播、点播或育苗移栽均可。播种深度 2~4 cm。 压土施工场地播种完成后，覆土镇压可提高种草成活率。	（5）宁夏戈壁荒漠区域经立地条件分析后，不具备植物成活条件的可不考虑植物措施。	 植被恢复

续表

项目/工艺名称	工艺流程及标准	施工要点	图片示例
浆砌石排水沟	1. 技术标准 满足《生产建设项目水土保持技术标准》（GB 50433—2018）、《水土保持林工程设计规范》（GB/T 51097—2015）、《水土保持工程施工监理规范》（SL 523—2011）、《输变电工程水土保持监理规范》（Q/GDW 11970—2019）、《架空输电线路水土保持设施质量检验及评定规程》（Q/GDW 11971—2019） 2. 工艺流程 栽植灌木流程：苗木选择→挖树穴→栽植苗木→覆土踩实→浇水养护 （1）苗木选择 栽植灌木应根据立地因子选择适宜当地生态环境的灌木。	（1）灌木选用适宜当地环境的苗木，应为一级苗，宜在当地苗圃购买，并要有“一签，三证”，即标签、生产经营许可证、合格证和检疫证。 （2）地势平坦的草原、草地、滩涂和无风蚀固定沙地，经土地整治后满足种草覆土要求的，应采取全面整地。生态脆弱区不宜采取全面整地。	 挖树穴  栽植灌木

续表

项目/工艺名称	工艺流程及标准	施工要点	图片示例
浆砌石排水沟	（2）挖树穴 灌木栽植的树穴开挖尺寸应比树种根部泥球稍大，种植穴必须垂直下挖，上口下底相等，底部形状为中间高，两边低的反锅底形状。 （3）栽植苗木 栽植灌木安排在春、秋两季，散苗后将苗木放在坑内，提苗到适宜深度，分层埋土压实。灌木苗木规格可选用幼苗，栽植株距、行距一般在（0.5~1）m×（0.5~1）m。 （4）覆土踩实 灌木苗木栽植后，覆土踩实可提高灌木的成活率。 （5）浇水养护 灌木定植后必须连续浇灌三次水，新栽植的灌木当日浇灌第一次水，三日内浇灌第二次水，十日内浇灌第三次水浇足、浇透。	（3）苗木采购、运输、栽植中要做到起苗不伤根、运苗不漏根（防止风吹日晒）、清水催根（栽前放在清水中浸泡 2~3 d）、栽苗不窝根，分层填土踩实，要求幼苗成活率达到 85% 以上。 （4）在干旱草原区，应控制施工范围，保护原地貌，减少对草地及地表结皮的破坏，防止土地沙化。	 浇水养护

6.2.3 临时措施标准工艺

项目/工艺名称	工艺流程及标准	施工要点	图片示例
填土编织袋拦挡	填土编织袋（草袋）适用于生产建设项目施工期间临时堆土、施工边坡坡脚的临时拦挡防护，多用于土方的临时拦挡。 1. 工艺流程 主要包括：编织袋（草袋）装土→堆砌→拆除 2. 工艺标准 （1）织袋（草袋）装土编织袋（草袋）所装土可就近取用工程防护的土或工程自身开挖的土石料。 （2）堆砌 填土编织袋（草袋）布设于平原区临时堆土场周围、山丘区塔基临时堆土下坡侧，其断面形式和堆高在满足自身稳定的基础上，根据堆体形态及地面坡度确定。一般采用梯形断面，高度宜控制在 2 m 以下。 （3）拆除 施工结束后进行拆除，编织袋内土方用于基础及施工场地回填，编织袋（草袋）回收。	1. 平原区：填土编织袋拦挡措施适用于临时堆土四周。 2. 山丘区：填土编织袋拦挡措施适用于临时堆土下坡侧。填土编织袋（草袋）交错垒叠，袋内填筑料不宜太满，一般装至编织袋（草袋）容量的 70%~80% 为宜，袋口用尼龙线等缝合，使编织袋（草袋）砌筑稳定。	 平原区临时堆土填土编织袋拦挡  山丘区塔基下坡侧填土编织袋拦挡

续表

项目/工艺名称	工艺流程及标准	施工要点	图片示例
临时苫盖措施	施工期间为防止水土流失、减缓土壤水分蒸发、减少粉尘、风沙所带来的危害时所采取的临时措施。 工艺流程 主要包括苫盖→压实→拆除工艺标准 （1）苫盖 根据苫盖材料不同，临时苫盖措施可分为彩条布苫盖、防尘网苫盖等。 对于不能及时回填的临时堆土顶部及四周应采取彩条布(防尘网)苫盖措施。 （2）压实 施工时应在苫盖材料四周和顶部放置石块、填土编织袋等重物进行镇压，以保持其稳定。 （3）拆除 施工结束后进行拆除，清除镇压物体，回收苫布。	山丘区、平原区的临时堆土顶部及四周均需采取苫盖措施。 运行中要定期检查苫盖材料的破损情况，及时修补，极端天气前后一定要检查其完整情况。	 临时堆土顶部及四周苫盖防尘网  临时堆土顶部及四周苫盖彩条布

续表

项目/工艺名称	工艺流程及标准	施工要点	图片示例
临时铺垫措施	施工期间为防止水土流失，减缓植被、表土损坏所采取的临时措施。 1. 工艺流程 主要包括：铺垫→拆除 2. 工艺标准 （1）铺垫 根据苫盖材料不同，临时铺垫措施可分为彩条布铺垫、棕垫（草垫）铺垫等。项目占用耕地、园地、林地、一般草地区时，临时堆土底部应采取铺垫措施；占用草甸、草原区时，施工机械底部及施工道路车辆运行区域应采取铺垫措施。 （2）拆除 施工结束后进行拆除，回收铺垫材料。	1. 平原区、山丘区临时堆土底部、砂石堆料底部均需设置彩条布临时铺垫措施。临时堆土底部彩条布铺垫面积应大于临时堆土面积。	 临时堆土底部铺垫彩条布

续表

项目/工艺名称	工艺流程及标准	施工要点	图片示例
围栏限界措施	施工期间为防止施工活动扰动征（租）地以外的区域，应在施工场地周边设置围栏限界措施。 1. 工艺流程 主要包括：确定施工边界设置围栏 和拆除围栏。 2. 工艺标准 （1）确定施工边界 根据设计及施工需要，确定施工场地占地面积及施工道路宽度。 （2）设施围栏 施工场地边界及施工道路两侧设置围栏。 根据围栏材料不同，围栏措施可分为彩旗绳围栏（软质围栏）、金属围栏（硬质围栏或刚性围栏）。 （3）拆除 施工结束后进行拆除，回收围栏材料。	1. 平原区：对于草地、耕地、林地、戈壁等区域应采用彩旗绳围栏措施。通常情况下对于塔基及施工场地区、牵张场区，围栏按施工场地边界的三边布设、施工道路按两侧进行布设。	 施工场地周边设置彩旗绳围栏

续表

项目/工艺名称	工艺流程及标准	施工要点	图片示例
临时排水沟	为减轻施工期间降雨及地表径流对施工道路、施工场地及周边区域的影响，通过汇集地表径流并导引至安全地点以控制水土流失的措施。 工程流程 主要包括：施工准备→沟槽开挖→临时堆土→回填整平 工艺标准 （1）施工准备 挖沟前应先整理排水沟基础，剥离表层熟土，铲除树木、草皮及其他杂物等。 （2）沟槽开挖 按设计断面及沟长开挖沟槽，排水沟出口采用自排方式，并与天然沟道或洼地顺接。 （3）临时堆土 临时排水沟开挖的土方应集中堆放在塔基施工场地临时堆土区，施工道路一侧。	1. 山丘区：除塔位位于面包形山顶或山脊外，一般需在塔位上坡侧（如果基面有降基挖方，距挖方坡顶水平距离 ≥ 4 m 处），依山势设置临时环状截（排）水沟。施工道路坡度较陡路段应根据道路地形情况开挖临时排水沟。 输变电项目由于单个塔基土建施工工期较短，因此通常采用土质临时排水沟。 土质排水沟多采用梯形断面，其边坡系数应根据开挖深度、沟槽土质等条件进行确定，通常情况下，排水沟设计水位应低于地面（或堤顶）不少于 0.2 m。	 施工道路临时排水沟

续表

项目/工艺名称	工艺流程及标准	施工要点	图片示例
临时排水沟	（4）回填平整 施工结束后，及时回填排水沟，填土不得含有树根、杂草及其他腐蚀物。填土部分应充分压实，并预留高度（10% 的沉降率）。	排水沟沟道比降应根据沿线地形、地质条件、上下级沟道水位衔接条件、不冲不淤要求等情况确定，并应与沟道沿线地面坡度接近。 开挖沟身时须按设计断面及坡降进行整平，用于保持流水顺畅。	 塔基区临时排水沟

第 7 章　结论

（1）在《中华人民共和国环境保护法》、《中华人民共和国水土保持法》的基础上，进一步收集整理环保、林业、国土、水利等各部门对输电线路环水保的相关政策要求，提炼概括政策文件条款内容，形成宁夏地区35~750 kV 输电线路环水保政策要求梳理，对后续环水保设计提供有力支持。

（2）研究不同基础型式、不同地形地貌的输电线路的环水保设计要点，对输电线路工程环水保设计要点进行了研究，针对设计阶段、施工阶段及运行阶段提出了环境保护措施，总结了工程措施、植物措施、临时措施及余土处理措施等方面的水土保持措施及不同施工场地、不同施工阶段的水土保持措施体系。针对生态敏感点及机械化施工的环水保措施进行了研究分析。

（3）归纳形成了环境保护措施典型设计方案、水土保持措施典型方案及标准工艺。